U0101383

生活吧，就像没有明天一样

韩倩 著

台海出版社

图书在版编目(CIP)数据

生活吧，就像没有明天一样 / 韩倩著.—北京:台海出版社，
2015.10

ISBN 978-7-5168-0742-2

Ⅰ.①生… Ⅱ.①韩… Ⅲ.①人生哲学–青年读物
Ⅳ.①B821–49

中国版本图书馆 CIP 数据核字(2015)第 239604 号

生活吧，就像没有明天一样

著　　者:韩　倩

责任编辑:阴　鹏

装帧设计:马小马　　　　　　　版式设计:通联图文
责任校对:吕彩云　　　　　　　责任印制:蔡　旭

出版发行:台海出版社
地　址:北京市朝阳区劲松南路 1 号，邮政编码:100021
电　话:010-64041652(发行,邮购)
传　真:010-84045799(总编室)
网　址:www.taimeng.org.cn/thcbs/default.htm
E-mail:thcbs@126.com

经　销:全国各地新华书店
印　刷:北京高岭印刷有限公司
本书如有破损、缺页、装订错误,请与本社联系调换

开　本:880mm×1230 mm　　　　1/32
字　数:190 千字　　　　　　　印　张:10
版　次:2016 年 6 月第 1 版　　印　次:2016 年 6 月第 1 次印刷
书　号:ISBN 978-7-5168-0742-2

定　价:36.00 元

前 言

PREFACE

有些事，年轻的时候不懂得，当懂得的时候，已不再年轻；

有些事，有机会的时候没去做，而当想做的时候，已没有机会。

许多事情，总是拖延就来不及了。

对有些人而言，钱永远赚不够，总说等赚到多少位数以后就去享受生活。虽然嘴上说"钱多了也就是数字"，却还是没日没夜地为这数字添砖加瓦，至于赚钱之外的事，则一概推到"以后"。

对更多的人来说，他们把最想看的书，最想做的事，最想去的地方，也都留到了"以后"，好像真的有无数个"以后"在静候他们，却不曾想过，"以后"是不是真的还属于自己？"以后"是不是也会不辞而别？

一个年长的朋友自从青藏铁路通车后就计划和妻子坐火车去一趟西藏。每一年，他都对妻子说，再等一年，我们就去西藏，就凭我这身板，喜马拉雅山即便爬不到顶也能爬到半山腰。

可就是这年查体，他被查出患有肺癌，且是晚期。

他对妻子说，对不起，没法陪你去了，我的身体看来是等不及了。

我们总是在为自己的拖延和懈怠寻找理由，我们总是有本事把自己的行为无原则地合理化，却不曾想到，光阴就是这么溜走的，机会就是这么跑掉的。

而青春，经常是没等我们为它写好一篇悼词就已经绝尘而去——

我们常常在考虑青春是什么，却不知道青春在我们考虑的时候就偷偷溜走了。

我们常常在顾虑梦想是什么，却不知道现在不去追梦这辈子就再也没机会了！

想想看，我们是不是曾经动摇过N个决心？一万年太久，只争朝夕！今日事，就应该今日毕，否则到了"明天"，即便你自己还有决心，周围的环境恐怕也已经是"时不我待"了！

人生就像一场没有彩排的戏，谁也料不到下一刻会发生什么！今天你腰缠万贯，明朝就可能负债累累；今天你高居庙堂，明朝就可能身处茅庐；今天你合家欢乐，明朝就可能妻离子散。这样的事情时有发生，并不是危言耸听。人生无常，有限的生命，活出自我，不留遗憾，要对得起自己。

我们身边有很多人，总喜欢把事情拖延，要等到明天再去做，其实这不仅仅是懒惰的表现，而且是一种极不负责任的拖延。生命中的每一分钟都是值得珍惜的，谁知道一觉醒来你还会不会活在这个世界上。尤其是面对自然灾害，生命的脆弱展露无遗。纵使我们拥有再多的财富、再高的权位，又有什么用呢？"人是一棵有思想的芦苇"，说白了就是生命的脆弱。所以，如果你活在这个世界上，你应该感到庆幸。今天该做的事情，就要今天完成，不要拖到明天。那些理想、豪情壮志只是激励我们的一种方式，最重要的是把握眼前，把眼前的事做好，你才有可能达成梦想。

明天和意外不知道哪一个会先来，最重要的是要活在当下。把自己的生命尽情地展示出来，体现出应有的价值，这才是我们活着的意义。不要想着明天会怎样怎样，即使明天来了，你拖延的心理也会把事情拖延到下一个明天，日复一日，这种心态就形成习惯，难以更改，终究会误了自己一生。

活出真正的自己，把眼前的事情做好，这就已经对生命负起了责任。凡事要抓紧，今天的问题今天就要解决，不要拖到明天，把握现在，才有可能展望未来！现在就是永远，青春不去勇敢的追梦，什么时候再去追梦？

把你的幼稚难过，把你的孤单寂寞，把你的美好的不美好的，把那些关于年轻而又无知的一切都毫无保留地送给在青春里陪着你的人吧。然后跟那些陪着你的人，带着最后的一丝勇气和任性，以及那千疮百孔的梦想，一起在这疯狂世界努力地走下去——

去爱吧，像不曾受过伤一样！

跳舞吧，像没有人欣赏一样！

唱歌吧，像没有人聆听一样！

干活吧，像不需要报酬一样！

生活吧，就像没有明天一样！

……

即使最后我们注定一事无成，至少我们曾经一起同行。

目 录

CONTENTS

第一章

放下吧！
就像从不曾发生过一样

1. 犯错后，请学会原谅自己

我们之所以对以前的某个错误耿耿于怀，迟迟不肯原谅自己，多半是因为我们为之付出了一定的代价。可是，不能原谅又能如何？代价不能再收回，但是我们的心情可以回转，也需要回转，因为生活还要继续。

安雅宁进入公司刚刚一年，因为表现优秀，很受领导器重。她也暗下决心一定要做出成绩来。一次，上级领导要她负责一个企划案，为一个重要的会议做准备，还透露说如果这次企划案能赢得客户的认可，她将有可能被调到总公司负责更重要的职务。对安雅宁来说，这是个千载难逢的机会。她非常卖力，每天都熬夜准备这份企划案。

可是，到了会议的那天，安雅宁由于过度紧张，出现了身体不适，脑子一片混乱，甚至没有带全准备好的资料，发言的时候词不达意，语不成章，几次中断。会议的结果可想而知……

失去了一个这么好的机会，安雅宁为此懊恼不已。之后，由于她的状态一直不好，又有过几次小的失误，她对自己更加不满。以前自信的她，现在忽然觉得自己不适合这个工作，不然为什么老是在关键时刻出错呢？她开始惩罚自己，经常不吃饭，想通了又暴饮暴食，或者拼命地喝酒。

安雅宁的情绪越来越不好，领导找她谈过几次话，宽慰她过去的事情都过去了，人应该向前看。虽然她的情绪渐渐稳定了下来，但是她还是不能原谅自己，没有心情做好手中的事情，以致对工作失去了当初的信心。最后，她不得不递交了辞呈。

很多人在犯错之后，不能原谅自己，甚至憎恨自己，进而影响到现在乃至未来做事的心情。如果憎恨过于强烈，就无法重新开始，无法看到希望的曙光。不如反过来想一想，错误既然已经犯下了，再惩罚自己有什么用呢？而且你已经为此付出了沉重的代价，为什么还要搭上现在和未来呢？

当我们为曾经的错误付出了沉重的代价后，可不可以原谅自己呢？当然可以原谅自己。只有原谅自己，才能重新调整心情，开始新的生活。而那些无法原谅自己，始终对自己的过去耿耿于怀的人，终究得不到人生的幸福。

每个人都希望自己的人生道路和事业道路能够一帆风顺，最好不要犯任何错误，其实这一观念是不符合自然规律的，不过是人们自己的一厢情愿罢了。人非圣贤，孰能无过，无论是在工作中还是生活中，犯错本来就是难以避免的事情。关键不在于你犯错本身，而在于你犯错之后的反应。

常常听一些人痛苦地说："我永远无法原谅自己。"可是，不原谅又如何？那等于把自己推入了一个永不见底的深渊，从此再也看不到希望和光明。而世上没有后悔药，谁也不能再改变过去，对自己的责怪只能加深自己的痛苦。

其实犯错本身并不可怕，可怕的是我们失去了直视它的勇气，更可怕的是我们从此失去做事的心情，以至于赔上了现在和未来。所以，切莫再抓住过去的伤痛不肯放手，赶快从自怨自艾的泥潭中跳出来，朝气蓬勃地投入到新的生活和事业中去吧！

只有真正从心底里原谅自己，才能驱走烦恼，让心情好转。学会原谅自己，不是给自己找借口，而是很平静地分析我们过去的错误，从而在错误中得到教训，做到经一事，长一智。

我们不仅要学会原谅别人，更要学会原谅自己。如果不能原谅自己，我们便会陷在失败的泥潭里无法自拔；如果不能原谅自己，我们便会终日在自责中度过；如果不能原谅自己，我们便会失去自信，失去前进的勇气。

2. 不念旧恶，莫设心囚

弘一法师说："假如你有一件忿恨的事，或者和某人有点纠葛，不要老是翻来覆去，把你想的、感受的，或者想说的，在心里一遍一遍的煎熬，因为神经就是这样磨损的。正如同鞋带，在每天拉扯的地方磨损一般。"

一个人在他20岁的时候因为被人陷害，被判入狱，10年后冤案告破，他终于走出了牢房。

出狱后，他开始了几年如一日的反复控诉、咒骂："我真不幸，在最年轻有为的时候遭受冤屈，在监狱度过了本应是人生最美好的一段时光。监狱简直不是人能待的地方，狭窄的空间让人备感压抑，唯一的细小窗口里几乎看不到阳光。冬天寒冷难忍，夏天蚊虫叮咬。真不明白，上天为什么不惩罚那个陷害我的家伙，即使将他千刀万剐，也难以解我心头之恨啊！"

75岁那年，他终于卧床不起。弥留之际，一位德高望重的禅师来到他的床边："已经过去那么多年了，为何还如此耿耿于怀呢？"

禅师的话音刚落，病床上的他声嘶力竭地叫喊起来："我怎么能释怀，那个将我陷于不幸的人现在还活着，我需要的是诅咒，诅咒那个使我遭遇不幸的人！"

禅师问："你因受委屈在监狱里待了多少年？离开监狱后又生活了多少年？"

他恶狠狠地告诉了禅师。

禅师长叹了一口气："你真是世上最不幸的人，他人的陷害使你在监狱中度过了十年，而当你走出监牢本应获得永久自由的时候，你却用心底的仇恨、抱怨、诅咒囚禁了自己近50年！"

我们与人交往，应着眼于未来，不念旧恶。原谅别人，是对待自己的最好方式。为你的仇敌而怒火中烧，烧伤的是你自己。人若怀着一颗宽恕他人之心待人，必能使自己远离痛苦、仇恨和报复，与之俱来的是淡定、温馨和和谐。

20世纪，美国建筑大王凯迪的女儿和飞机大王克拉奇的儿子，在两家父母的撮合下，彼此有了情分。但两个人的来往并不顺利，总是磕磕绊绊的，争吵时有发生。两家人都是社会上的名流巨富，儿女们的这种关系，让他们大伤脑筋，他们甚至担心，会不会发生什么不测。

谁想，担心什么就有什么，令他们震惊的事还是发生了，凯迪的女儿竟然被克拉奇的儿子毒死了。

克拉奇的儿子小克拉奇因一级谋杀罪被关进大牢，两家人的身心因此受到沉重的打击，从此两家人的生活变得暗无天日。克拉奇的儿子在事实面前却拒不承认自己的罪行，这使凯迪一家非常气愤。而克拉奇一家也在拼命为儿子奔走上诉。如此一来，两家人便结下了深仇大恨。

一年以后，法院做出终审，小克拉奇投毒谋杀的罪名成立，被判终身监禁。克拉奇为了能让儿子在今后得到缓刑，也为了消除儿子的罪恶，拐弯抹角不断以重金为凯迪一家做经济补偿，以便凯迪能不时地到狱中为儿子说情。克拉奇每一次的补偿都是巧妙地出现在生意场上，这使得凯迪不得不被动接受。

而凯迪每得到克拉奇家族的一笔补偿，就像是接过一把刺向自己内心的刀，悲痛难言。凯迪埋怨自己当初怎么就看错了人。而克拉奇的全家更是年年月月天天生活在自责中，他们怨恨没有教育好自己的儿子。

两家人都是美国企业界中的辉煌人物，然而生活却如此地捉弄他们，让他们不得安生。一年又一年，两家人的心情被巨大的阴影所笼罩，从来没有真正地笑过。他们承认，这些年为此所付出的心理代价是用任何金钱也换不来的。

然而，苦苦承受了20多年的罪愆后，最终的事实证明，凯迪女儿的死，并不涉及善恶情仇。事情引起了美国媒体的巨大轰动，面对报社的采访，凯迪与克拉奇两家都说了同样的话："20年来，我们付不起的是我们已经付出的，又无法弥补的心态。"

人生的所谓得与失，在很多时候并没有什么实际意义，但被带入其中的无法挽救的或恶劣、或悲伤、或仇恨的心情，却可以使人们改变对整个生活的感受和看法。这种因心情引起的得与失，比起物质上的得与失更加致命，因为这才是最昂贵，又最付不起的。

有一句名言说："生气是用别人的过错来惩罚自己"。老是念念不忘别人的坏处，实际上最受其害的就是自己的心灵，搞得自己痛苦不堪，何必呢？这种人，轻则自我折磨，重则可能导致疯狂的报复。

乐于忘记是成大事者的一个特征，既往不咎的人，才可甩掉沉重的包袱，大踏步地前进。

人要有点"不念旧恶"的精神，况且人与人之间，在许多情况下，人们误以为"恶"的，又未必就真的是什么"恶"。退一步说，即使是"恶"吧，对方心存歉意，诚惶诚恐，你不念恶，礼义相待，进而对他格外地表示亲近，也会使为"恶"者感念你诚，改"恶"从善。

3. 一失足并非必定成千古恨

一失足成千古恨，这是千年古训，教育了多少人，无非就是要求人们把握好自己的人生方向，千万不要走上错路，最后让自己后悔。其实，人的一生总要经历许多风风雨雨，总会遇到各种各样的情况。当人们在一些事情上急于求成而又脱离实际时，就会造成一些过失，带来严重的后果，但，并非一失足就必定成千古恨。

勾践卧薪尝胆的故事人们都已经听了很多次。当初越王勾践不听大臣范蠡劝谏，坚持要发兵攻打吴国，结果在夫椒一战中大败，并且被押往吴国为吴王养马三年。勾践为当初的鲁莽冲动付出了惨痛的代价，卧薪尝胆，立志一定不忘亡国之恨。于是在回到越国之后，他时时刻刻都提醒自己要报仇雪恨，他励精图治，事必躬亲。同时，一有空闲，就和农民一样到农田里扶犁耕作。他的妻子也亲手纺线织布。在这段时间里，他们生活简朴，不吃有肉的饭菜，不穿华丽的衣服，待人平和，礼贤下士，厚待宾客。最后终于趁吴国兵疲马惫而灭吴，结束了这场吴越争霸。

一失足未必就成千古恨。只要能够找到失足的原因，尽快调整心态，克服失败给自己心灵残留下阴影，逐步恢复自信，继而自强不息，这样才能不再让悔恨吞噬心灵。

没有谁会注定一帆风顺，也没有人注定一生失足，生活对每个人都是公平的。即使失足了也并不意味着天就要塌下来了。只要你敢于正视失足，它就可以使你从中学到许多真知灼见，并使你对此不再耿耿于怀。失足还可以使你认识到自己的能力与不足，了解自己是否成熟。

所以，不要恐惧失足，它带给你的会比成功带来的更多。

失足是一件让人们痛苦的事情，它令人悲伤。但更痛苦的是失足之后的束手无策，是失足后的不能警醒。对于失足，人们总是习惯于先从客观上找理由，古人经常归咎于上天不公或自己的命运不济，现代人经常归之于运气不佳，但实际上这多半是托词，是借口。一个人的失足最主要的原因应该是自己亲手造成的，或者说绝大多数失足都与自己有关，与自己的个性或失误有关。不是因为自己的性格、心理、意志等方面存在缺陷，就是因为方法不当，措施不力，再不就是因为自己的判断失误或误入歧途。再多的客观因素，也不能使你推卸掉自己身上的责任，最起码是自己没有看清形势或错误地估计了形势造成的。

当你出现失足的情况时，要及时的改正，否则失足就永远只是失足，而决不能转化为成功。失足并不可怕，跌倒了爬起来就是了。但是，怕的就是被失足打倒，失足后一蹶不振，在失足中越发沉沦，一朝被蛇咬，十年怕井绳。

培根是17世纪欧洲一位显要的人物。从小就身在贵族家庭中的他曾经担任过英国驻法国大使馆工作人员，还当过律师，并在议会选举中当选为议会议员。就在官运亨通，平步青云，春风得意的时候，他因贪污受贿罪，而被监禁于伦敦塔内，出狱后，他又被终生逐出朝廷，不得再担任任何官方职务，不得参与议会。

从此培根开始专心从事著述。他提出了著名的"要命令自然，就要服从自然""知识就是力量"等一系列对后人影响深远的口号，并建立了自己的唯物主义经验论。曾经的失足使培根成为了英国唯物主义和整个现代实验科学的真正鼻祖，成为了英国17世纪伟大的唯物主义哲学家、世界哲学史和科学史上具有划时代意义的人物。也正是由于这次失足，让培根成为了在人类思想史上占有重要地位的一代巨人，成为一名被后人永远铭记的哲学家。

一时的失足没有什么大不了，我们要走的路还很长，一次失足并不是世界末日，只不过是一个新的开端，是命运要让我们做个新的更好的自己。

失足既可以成为埋葬信心的坟墓，也可以成为"而今迈步从头越"的起点。失足并不代表着失败，只是表明成功或许需要变换一下方向；失足也并不意味着你浪费了时间和生命，不过表明你有理由重新开始。

4. 以平常心面对得失

人生总是有得有失，得到了这个，失掉了那个。有的人很贪心，想要把一切都攥在手里，失掉了任何一样都变得不开心，这样就是没有参透得失的本质。

我们在得失之间要有一颗平常心。塞翁失马的故事都听说过，在这个故事中塞翁失去了很多东西，但是唯一不变的就是他快乐的内心，他始终保持着一个平和的心态。要以"得之我幸，失之我命"的坦然心态去观整个人生，拥有这样的心态，自然能够保持快乐。

三伏天，寺院里的草地枯黄了一大片，很难看。

小和尚看不过去，对师傅说："师傅，快撒点种子吧！"

师傅曰："不着急，随时。"

种子到手了，师傅对小和尚说："去种吧。"不料，一阵风起，撒下去不少，也吹走不少。

小和尚着急地对师傅说："师傅，好多种子都被吹飞了。"

师傅说："没关系，吹走的净是空的，撒下去也发不了芽，随性。"

刚撒完种子，这时飞来几只小鸟，在土里一阵刨食。小和尚急着对小鸟连轰带赶，然后向师傅报告说："糟了，种子都被鸟吃了。"

师傅说："急什么，种子多着呢，吃不完，随遇。"

半夜，一阵狂风暴雨。小和尚来到师傅房间带着哭腔对师傅说："这下全完了，种子都被雨水冲走了。"

师傅答："冲就冲吧，冲到哪儿都是发芽，随缘。"

几天过去了，昔日光秃秃的地上长出了许多新绿，连没有播种到的地方也有小苗探出了头。小和尚高兴地说："师傅，快来看呐，都长出来了。"

师傅却依然平静如昔地说："应该是这样吧，随喜。"

在人生的道路上，每个人都在不断地累积着令自己烦恼的东西，包括名誉、地位、财富、人际关系、健康、知识、事业等等。这些东西压得人们喘不过气来，使人们失去了原本应该享受的乐趣，增添了许多无谓的烦恼，一旦失去其中一种便会大为在意，甚至恼火沮丧，要"想办法夺回来"。

其实人生就那么几十年，金钱地位等等一切都不能一直陪伴我们，人死了之后也什么都带不走，若是焦虑沮丧、患得患失几十年，那就太不值得了。所以人生的本质就应该是快乐，每天都快乐地活，不是一种最好的活法吗？何必要为了一些身外之物黯然神伤，焦虑不已？

有个富人叫做白正，他感到每天都不快乐，听说在偏远的山村里有一位得道的高僧，他便把所有家产换成了一袋钻石，去找高僧。

他对高僧说："高僧！人们说你是无所不知的，请问在哪里可以买到全然的快乐的秘方呢？"

高僧说："我这里的快乐秘方价格很贵，你准备了多少钱，可以让我看看吗？"

白正把装满钻石的锦囊拿给高僧，没有想到高僧连看也不看，一把抓住锦囊，跳起来就跑掉了。

白正非常吃惊，四下又无人，只好自己追赶高僧，可是跑了很远也没有见到高僧的身影，他累得满头大汗，在树下痛哭。

正当白正哭得厉害之时，他突然发现被抢走的锦囊就挂在枝丫上。他取下锦囊，发现钻石还在。一瞬间，一股难以言喻的快乐充满他全身。

高僧从树后面走出来，说道："凡人不懂得得与失的平衡，自以为失要痛哭，得要欢喜，抛却了这种观念你才能真正的快乐啊。"

白正叩谢禅师，回去之后开始劳动，快乐了起来。

佛家认为人生最大的障碍和不自在，就是受外界的牵制。对外在虚假的认同，而破坏了我们心灵的统一。绝对的本体是超越了时间、空间和因果律的范畴。"众生由其不达一真法界，只认识一切法之相，故有分别执着之病。"

人们总喜欢羡慕别人，却忽略了自己所拥有的。很多人总是渴望获得那些本不属于自己的东西,而对自己拥有的却不加以珍惜。其实,我们每个个体之所以存在于世界上,自有它存在的意义;每一个人都拥有自己的优点和长处,也有自己的缺点和短处。因此,安心做自己的人,才是智慧的人。

5. 转换看问题的视角

同样的一件事情,悲观的人只看到不利的一面,乐观的人却看到的是有利的一面,不同心态,呈现出的世界完全不同,呈现出的人生道路也就有了不同。

一位满脸愁容的生意人来到智慧老人的面前。

"先生,我急需您的帮助。虽然我很富有,但人人都对我横眉冷对。生活真像一场充满尔虞我诈的厮杀。"

"那你就停止厮杀呗。"老人回答他。

生意人对这样的告诫感到无所适从,他带着失望离开了老人。在接下来的几个月里,他情绪变得糟糕透了,与身边每一个人争吵斗殴,由此结下了不少冤家。一年以后,他变得心力交瘁,再也无力与人一争长短了。

"哎,先生,现在我不想跟人家斗了。但是,生活还是如此沉重———它真是一副重重的担子呀。"

"那你就把担子卸掉呗。"老人回答。

生意人对这样的回答很气愤，怒气冲冲地走了。在接下来的一年当中，他的生意遭遇了挫折，并最终丧失了所有的家当。妻子带着孩子离他而去，他变得一贫如洗，孤立无援，于是他再一次向这位老人讨教。

"先生，我现在已经两手空空，一无所有，生活里只剩下了悲伤。"

"那就不要悲伤呗。"生意人似乎已经预料到会有这样的回答，这一次他既没有失望也没有生气，而是选择待在老人居住的那个山的一个角落。

有一天他突然悲从中来，伤心地号啕大哭了起来———几天，几个星期，乃至几个月地流泪。

最后，他的眼泪哭干了。他抬起头，早晨温煦的阳光正普照着大地。他于是又来到了老人那里。

"先生，生活到底是什么呢？"

老人抬头看了看天，微笑着回答道："一觉醒来又是新的一天，你没看见那每日都照常升起的太阳吗？"

生活到底是沉重的，还是轻松的？这全取决于我们怎么去看待它。生活中会遇到各种烦恼，如果你摆脱不了它，那它就会如影随形地伴随在你左右，生活就成了一副重重的担子。"一觉醒来又是新的一天，太阳不是每日都照常升起吗？"

放下烦恼和忧愁,生活原来可以如此简单。

有一少妇投河自尽,被正在河中划船的船夫救起。船夫问:"你年纪轻轻,为何自寻短见?"

"我结婚才两年,丈夫就抛弃了我,接着孩子又病死了。您说我活着还有什么意思?"

船夫听了,想了一会儿,说:"两年前,你是怎样过日子的?"

少妇说:"那时的我自由自在,没有任何烦恼……"

"那时你有丈夫和孩子吗?"

"没有。"

"那么你不过是被命运之船送回到两年前去了。现在你又自由自在,没有任何烦恼了,你还有什么想不开的?请上岸去吧……"

少妇恍如做了一个梦,她揉了揉眼睛,想了想,心中豁然开朗便上岸走了。

从此,她没有再寻短见。她从另一个角度看到了希望的曙光。

记得有位哲人曾说:"我们的痛苦不是问题的本身带来的,而是我们对这些问题的看法而产生的。"这句话很经典,它引导我们学会解脱,而解脱的最好方式是面对不同的情况,用不同的思路去多角度地分析问题。因为事物都是多面性的,视角不同,所得的结果就不同。

相信一句话:要解决一切困难是一个美丽的梦想,但任何一个困难都是可以解决的。

一个问题就是一个矛盾的存在,而每一个矛盾只要找到合适的介点,都可以把矛盾的双方统一。这个介点在不停地变幻,它总是在与那些处在痛苦中的人玩游戏。

转换看问题的视角,就是不能用一种方式去看所有的问题和问题的所有方面。如果那样,你肯定会钻进一个死胡同,离问题的解决越来越远,处在混乱的矛盾中而不能自拔。

一个对生活极度厌倦的绝望少女,打算以投湖的方式自杀。在湖边她遇到了一位正在写生的画家,画家专心致志地画着一幅画。少女厌恶极了,她鄙薄地睨了画家一眼,心想:幼稚,那鬼一样狰狞的山有什么好画的! 那坟场一样荒废的湖有什么好画的!

画家似乎注意到了少女的存在和情绪。他依然专心致志、神情怡然地画,一会儿,他说:"姑娘,来看看画吧。"

她走过去,傲慢地睨视着画家和画家手里的画。但是立刻,她被吸引了,竟然将自杀的事忘得一干二净,她真是没发现过世界上还有那样美丽的画面———他将"坟场一样"的湖面画成了天上的宫殿,将"鬼一样狰狞"的山画成了美丽的、长着翅膀的女人,最后将这幅画命名为"生活"。

少女的身体在变轻,在飘浮,她感到自己就是那袅袅婀娜的云……

良久，画家突然挥笔在这幅美丽的画上点了一些麻乱的黑点，似污泥，又像蚊蝇。

少女惊喜地说："星辰和花瓣！"

画家满意地笑了："是啊，美丽的生活是需要我们自己用心发现的呀！"

生活的美与丑，全在我们自己怎么看，如果你将心中的烦恼和阴暗面彻底放下，然后选择一种积极的心态，懂得用心去体会生活，就会发现，生活处处都美丽动人。

6. 不要预支明天的忧虑

有这样三个有趣的故事：

他是一位年轻有为的外企白领，妻子也有非常不错的工作，来深圳艰苦创业五年后，他由一个外地打工仔成长为一名企业精英，更让他引以为豪的是，他不但在深圳创立了自己的事业，而且还购买了自己的住房。这一切看起来都很不错，但他依旧烦恼重重。是什么事情让他烦恼呢？他说自己总是生活在一种危机感中,不停地思考:将来如果失业了怎么办?企业前景不好该如何?怎样才能使将来有更好的发展?如果以后自己开公司,资金从何而来?这些问题令他坐立不安。

小林是一家餐厅的老板，她一直为生活中的思虑所困扰,以致精神时常处于恍惚之中。她担忧店里的生意不好,她担忧顾客是否满意每一次的服务,她担忧周边餐厅的生意太好抢了自己的生意,她担忧天气不好顾客不来,她也担忧天气太好顾客都外出游玩,使得店里的东西卖不出去。她惶惶不可终日,担忧似乎已经成为一种习惯,让她身心疲惫不堪。小林觉得自己就像找不到归路的迷羊，茫然地四处搜寻,却不知道丢失了什么。

有一个人总觉得自己得了什么不治之症，便跑去看医生。医生问他有什么症状,他说没什么不舒服。医生又问:"你最近食欲怎么样?"他说很正常。"那你觉得自己得了癌症的依据是什么?"医生好奇地问道。他说:"我听说癌症的初期什么症状都没有,我正是这样啊!"

三个有趣的故事,告诉我们一个道理:烦恼不是别人给的,是自己想得太多。

这个世界上没有任何事情比杞人忧天的烦恼更可怕了。有一句老话,天要下雨娘要嫁人,随他吧。既然忧虑无济于事，多想不如不想。

其实，现代人之所以烦恼焦虑，并不是真的遇到了无法解决的事情，而是因为"想得太多"。

因为"想得太多"，我们时常自以为是地担心着原本没有发生的事情，无病呻吟地抱怨着可能根本就不存在的问题，搞到最后，不但自陷绝地，甚至还危害到了自身的身心健康。

俗话说，忧能伤人，愁能杀人。许多想得太多的人，因为心思太过沉重，所以很难体会到真正的人生乐趣。因此，当忧愁、担心、哀伤等情绪如蛛网般缠上心头时，请不要容它侵蚀你的心。如果你总是将一些没必要担忧的事，一遍又一遍地在脑中思来想去，终有一天你将被这"想得太多"压得透不过气。

有一个年轻人，跑去向智者倾诉烦恼。年轻人说了很多，可智者总是笑而不答。等年轻人说完了，智者才说："我来给你挠一下痒吧。"年轻人不解地问："您不给我解答烦恼，却要给我挠痒，我的烦恼与挠痒有什么关系呢？何况我并不需要挠痒！"

智者说："有关系，并且关系大着呢！"年轻人无奈，只好掀开背上的衣服，让智者给自己挠痒。智者只是随便在年轻人的身上挠了一下，便再也不理他了。年轻人突然觉得自己背上有一个地方痒得难受，便对智者说："您再给我挠一下吧。"

智者于是又在年轻人的背上挠了一下。可是，年轻人觉得这里刚挠完，那里又痒了起来，便求智者再给自己挠一下。就这样，在年轻人的要求下，智者给年轻人挠了一上午的痒。

年轻人走的时候，智者问："你还觉得烦恼吗？"整整一上午，年轻人都在缠着智者给自己挠痒，居然将所有烦恼的事情都给忘记了。于是，他摇了摇头说："不烦恼了。"智者这才点头笑着说："其实，烦恼就像挠痒，你本来是不觉得痒的，但是如果你闲来无事，去挠了一下，便痒了起来，并且越挠越痒。烦恼也是一样，本来你不觉得烦恼，只是如果你闲来无事时，去想了一些令自己烦恼的事，你便开始烦恼了起来，并且越想越烦。"

年轻人似有所悟。智者接着说："烦恼最喜欢去找那些闲着没事的人，一个整天忙碌着的人，是没有时间去烦恼的！"

不知道大家有没有留意过，久别的朋友见面，大多会彼此在一起抱怨自己活得多累，每天忙忙碌碌却不知道自己到底在做什么，有时特别想找一个没有人的地方大哭一场，家庭的重担、工作的压力、人际的复杂，如大山般压在心头，让人喘不过气来，而唯一一点属于自己的时间，却都用来为明天的前途忧虑。

这些抱怨者，大多都是一些事业有成、有车有房、家庭美满的人，别人羡慕他们都还来不及呢。而他们之所以活得不幸福，究其原因就是因为患上了"心灵担忧症"，而对付这种"病"的办法只有一个，那就是：不要想得太多。

我们都有过这样的经历：白天若是想得太多，一天的工作生活就无法正常进行，甚至还会频频出错；晚上若是想得太多，常常是夜不能寐，就算勉强入睡，第二天起来也是昏昏沉沉。其实，转念一想，就算事情真的发生了，想得再多又有什么用呢？

有一个年轻人到了服兵役的年龄，他被分配到了最艰苦的兵种——海军陆战队。年轻人为此非常得忧虑，几乎到了茶不思、饭不想的地步。年轻人有个深具智慧的祖父，他见到自己的孙子整天都是这副模样，便寻思着要怎样好好地开导他。

这天，老祖父对这位年轻人说："孙子，其实这没有什么可忧虑的。就算是当了海军陆战队，但到部队里，还是有两个机会，一个是内勤职务，另一个是外勤职务。你有可能被分发到内勤单位，这就没什么好忧虑的了！"

年轻人却并不是这么乐观，他还是忧心地问道："那如果我被分发到外勤单位呢？"

老祖父："那还有两个机会，一个是可以留在本岛，另一个是被分发到外岛。你如果被分发在本岛的话，那也没什么可忧虑的呀！"

年轻人又问："那如果我不幸被分发到外岛呢？"

老祖父说："那不是还有两个机会吗，一个是待在后方，另一个是被分发到最前线。如果你是留在外岛的后方单位,也是很好的,也不用忧虑啊。"

年轻人再问:"那如果我被分发到前线呢?"老祖父说:"那还是有两个机会,一个是只站站岗卫,平安退伍,另一个是会遇上意外事故。如果你只是站站岗,依然能够平安退伍,这也没什么可忧虑的!"

年轻人仍然问道:"那么,如果是遇上意外事故呢?"

老祖父说:"那还是有两个机会,一个是受轻伤,可能把你送回本岛,另一个是受了重伤,无法救治。如果你只是受了轻伤,被送回本岛,也不用忧虑呀!"

年轻人最为恐惧的地方就是这,他颤声地问道:"那……如果是非常不幸是后者呢?"

老祖父大笑起来,然后说道:"若是遇上那种情况,你人都死了,更是没有什么可忧虑的!忧虑的倒该是我了,那白发人送黑发人的痛苦场面,可并不好玩哟!"

生活不可能像心目中所期望的那样美好,它有酸甜苦辣,它有悲情苦楚,也有许多的忧虑。忧虑来源于生活,来源于对未知世界的不了解,也来自于自身的担忧和顾虑。许多烦恼本不存在,但是在多虑的情况下,任何情况都可能造成你的忧虑。

个人的力量是渺小的,谁都无法与宿命抗衡,谁都改变不了既定的事实。我们倒不如顺其自然,静观其变,并做好自己能做到的事情,只要无愧于心,此生就已无憾了。

7. 给不了就转身, 得不到就放手

许多人都会在爱里受伤，因为爱别人爱得失去了自己，等到分手时，才发现在这场爱中，已经迷失了自己，所以总试图抓住情感的尾巴，希望能够有转机。要明白，对方一旦做出决定，那么这场感情就注定了是这样的结果。请不要试图以自己的痛苦与哀求换回曾经的爱，这样只会让对方轻视自己，更快离开。

有一个女孩，在她最美好的年华爱上了一个优秀的男人。两人一开始感情很好，男人对女孩真的很好，让女孩沉浸在这种美好中无法自拔。五年过去了，对这个二十几岁的女孩来说，这五年，是她最美好的回忆。然而，她等来的不是自己梦寐以求的婚姻，而是男人的分手。

对于这样的结果，女孩难以接受，她不知道为什么会是这样的结果，她始终不肯相信那个曾经深爱她的男人已变心了。于是，她想尽办法去挽留，最终没有如愿以偿。女孩在无奈之下，选择自杀相要挟，幸好在关键时刻被家人发现，并且及时地被送到医院，经过全力抢救，得以脱险。醒来后，她做的第一件事情就是给这个男人打电话，可是男人在确认了女孩生命无碍后，就从女孩的世界里彻底消失了。原本脆弱的

女孩，无法面对这样的局面，她选择了疯狂的报复，要拼个鱼死网破，为的就是证明自己对这段感情的在乎。事后，也有人问起男人，为何不去看望女孩，给他们曾经美好的爱情画一个完美的句号。令人没想到的是，这个原本坚强的男人竟然哆嗦着嘴唇说："我害怕，我不敢。"

当女孩听了这句话后，原本耿耿于怀的她，释怀了，她再也没有做出什么过激的举动，只身一人远走异乡，开始了自己的新生活。

几年过去了，女孩已为人母，依旧美丽的脸庞泛着幸福的光泽。现在，她对生活很满足，因为她有疼爱她的丈夫，和一个可爱的孩子。回想起丈夫在追求她时说的那句："女人的情伤注定要由下一个男人来抚平的，而我就是这下一个男人，所以你什么也不要在意。"她仍然会感动。

其实，谁没有过情伤，谁不在乎曾经的沧海桑田！的确，人生在世，又有谁能够肯定这一辈子不会因情而伤。故事中的女孩，爱人离去时没能够冷静对待，以自杀的方式来换回这段感情。殊不知，这样会让对方害怕，更会躲起来。当分离来临时，聪明的人懂得，用生命相逼并非明智之举。你以为你的死能改变什么吗？除了给亲人带来痛苦以外，没有人会去怀念你。只有珍惜生命，珍爱自己，才能走出失落，要相信前方还有值得你爱的人正等着你。

面对逝去的感情时，许多人都只看到了它曾经的美好，只有被弄得遍体鳞伤时才明白,原来爱情不仅仅只有美好的一面。其实,谁能保证一生只爱一个人,分手是再正常不过的事情。面对失恋,如果总深陷其中,总想做最后的挣扎,甚至认为自己从此不能生活得幸福,那么谁也别想幸福。在这种念头下,做最疯狂的事情,这是再愚蠢不过的行为。

当他爱着你时,确实是真心爱你;如今他要离开你,只是因为现在不再爱了。如果你苦苦的纠缠,无疑是一次次地揭起自己的伤疤。有人曾经说过,当一个人不爱你时,那么请相信他现在的确已经不爱你了。不要害怕,不要逃避。因为,害怕会让你自乱阵脚,做出错误的选择;逃避只会让你永远活在痛苦之中,摆脱不了情感的阴影。学会勇敢地面对这一切吧! 离开那个曾经给予你温暖的臂膀可能会让你伤心一阵子,但是,请相信这些终究会过去。

现实生活中,有很多人遭遇情感危机时,更多的是抱着鱼死网破的心理对待。然而,越是苦苦纠缠,伤害往往越多,在彼此心里仇恨也就越多。爱是相互的,对于一个已经不再爱你的人来讲,这种变相的爱其实已经深深伤害到对方。与其让两颗心在痛苦中纠缠,倒不如勇敢一些,放手给他自由。

姜琳这段时间正处于家庭战争时期,老公提出了离婚。为了挽回老公的心,她试了很多种办法,然而毫无作用。想要放下这段感情很难,她选择了逃避。那时,正值长江即将涨水之际,她报了团去三峡散散心。

带着内心的伤，她整理了行装，起身前往重庆，从那里上船到宜昌，领略三峡两岸的美丽景色。原本，她以为即使看到再美的景色，也不可能医好自己所受的情伤。可是，还没坐上船，她已经被身边的美景所吸引，面对蜀山蜀水，她领略到了从未有过的气势。

一路上，船在崇山峻岭之间顺流而下，看着数千年来被无数文人骚客吟诵过的峡谷，多少感慨涌上心头。深夜时分，姜琳独自一人戴着耳机呆坐在甲板上，歌声、涛声如影随形，终于，这些天积压在心头的忧伤涌上心头。虽然，身边有许多旅客，然而有谁会注意她这个陌生人呢，泪水顺着脸庞滑落下来。索性放开些，等到哭累了，她才回房睡觉。

清晨醒来，她惊讶地发现居然能够一夜安睡无梦了。这么多天以后，她终于有了胃口，早餐时，吃下了许多东西。中午时分，到达鬼城丰都，游客们纷纷下船，导游关切地对已上岸的她喊道："别忘了，你的船停在这儿！"她微笑着向导游示意。望着依山而建的古城，姜琳也想和其他游客一样，爬上山顶领略大自然的风姿。初夏时节，午后阳光有些灼热，再加上这些天来她心情低落，休息不够，因而，还没走多远就被落下了。忽然，她的头一晕，险些从台阶上摔下去。身后两双手及时把她扶着，才让她免遭不测。"你怎么了，看你的脸色苍白，是不是不舒服？"是好听的苏州普通话，是两个男人，他们一直在她的身后。"没事的，只是因为有些累了。"姜琳答道。"那你慢点，我们一起走吧。"于是，两人接过姜琳手中的包，拉起她的手，就这样一路走去。

夜风吹起，忽然一个充满磁性的声音在耳边响起："放下亦是一种美，就宛如你披着头发时的样子很美。"姜琳认出是下午一起上山的两个苏州人之一。

那个男人说道："看着你昨夜在甲板上伤心哭泣，无助的样子，我们都很担心。只要你愿意放下一些伤痛，我想你会幸福的。"听着动听的话语，姜琳把头转向一边，流出泪来。许久，"一切都会好起来的！"男人说道。

等到旅游回来，姜琳心中的结已经打开，她与老公很快就办好了离婚手续。

人生漫漫，有爱就会有恨，有情就会有伤。这一路走来，为事，为情，为人，为爱，我们的内心何止破碎一次。然而，却依然可以在受伤过后，重新站立起来。只要愿意，一个人永远不会丧失爱的能力。既然如此，那么，你还会害怕再多一次的伤害吗？如果一段感情到了尽头，却又无法挽留，此刻你能给他的爱就是试着把手放开。

面对感情伤害，也许的确会让人痛彻心扉，然而，聪明的人懂得，只有放下这份让人痛心的爱，才能获得解脱。纠缠是一种爱，放开更是一种爱，真正懂得爱的人，更明白成全的意义。因而，如果真的是爱，那么，最后时刻来个优雅的转身才是明智的选择。

人们常说：在对的时候遇见对的人，是一种幸福；在对的时候遇见错的人,是一种遗憾;在错的时候遇见对的人是一种伤心,在错的时候遇见错的人是一种叹息。不能一起走到最后,只是说明没有在对的时间遇上对的人。如此,给不了就转身,得不到就放手吧,要相信在未来会有更好的人在等你。

8. 适时地放下无意义的坚持

生活中,很多人总认为自己还年轻,有很多时间可以去尝试、去坚持,但是岁月匆匆,当最终发现自己的坚持成为无用功时,再回首已经是百年身。

错误的坚持就是在浪费生命,不管是工作还是生活。

有一家公司需要招聘一名业务代表,通过层层选拔进入复试的只有A和B两名应聘者,为了再从中找出一位最适合这份职业的员工,公司决定在不同时间段分别通知他们前来面试。

第二天A被公司通知前来进行最后一次的考核。A在面试的时候十分稳重,各种问题都对答如流,就在这时负责面试官的考官忽然递给他一把钥匙随手指了一间小屋让他去那里拿只茶杯来。

A就去开那间小屋的门，可是他无论怎么开就是打不开，他不相信自己开不了，就慢慢地拧，鼓捣了很长时间还是打不开。他知道这是主考官给自己出的最后一道难题，如果连这扇小小的门都打不开的话，怎么去打开别人的心灵，于是他就一个劲地往里面拧，可是最后钥匙也被他拧断在锁孔里了。

A感到十分难以置信，明明是这扇门的钥匙为什么就是打不开呢？他就问主考官："请问，是这把钥匙吗？"主考官抬头看了一下A答道："是打开屋子，取出茶杯的钥匙。"A很为难地说："门打不开，我也不渴……"

主考官打断了他的话："那好吧，这两天回去等通知，如果接不到通知，你就去别家公司试试吧。"

第三天公司又通知B来面试，尽管他的回答不是十分流畅，但主考官还是同样给他一把钥匙让他取来一只茶杯，B也是同样打不开门，但是他却看见另一间屋里有一只茶杯，他就想："主考官并没有告诉我钥匙就是这间屋子的，它既然是打开有茶杯那间屋的钥匙，那么应是隔壁这一间吧！"于是他抱着试试看的心态，竟然真的打开了那间小屋，取出了茶杯。

主考官很高兴，拿过他取出的茶杯为他倒了一杯水，然后对他说："喝杯水，然后签个协议，祝贺你，你被录取了。"

A放不去自己心中的那份执着，一直认为主考官指定的就是那间屋子，结果怎么弄也打不开屋门，而B却并没有这样认为，只是选择放下这扇打不开的屋门去试另一间的屋门，结果它用这把钥匙打开了另一间屋门，取出了茶杯。

有些事情确实需要"半途而废"的精神，当然这就要求我们要仔细地甄别何时是放下的时机，然后正确理智地坚持，这才是实现终极目标的大智慧。

生活中也有些人从小就抱有美好的梦想，也身体力行去追求、去坚持，但他们牺牲了美好的青春，激情也慢慢消耗殆尽，留给自己的却是一个生命的残局，可他们仍然觉得是上苍跟他们开了一个生命的玩笑。殊不知，是他们自己的固执埋葬了自己的青春年华。

选择需要智慧，放下需要勇气。适时地放下无意义的坚持，才会有更多的可能到达成功的彼岸。如果自己选择的方向是正确的，那么该坚持的就要坚持；反之，如果你在一条错误的道路上固执地狂奔，那么只会加速自己的毁灭。

如果我们的目标并不适合我们，做了也是白做的时候就要懂得去收手，与其苦苦挣扎，蹉跎岁月，还不如选择放下。若我们坚定地放下了那种偏执，说不定会柳暗花明，别有洞天。否则，我们就可能被痛苦纠缠一生。

第二章

前进吧！
就像从不曾迷茫过一样

1. 没有目标的人生永远到不了终点

如果人没有目标，就只能在人生的旅途上徘徊，永远到不了终点。

没有目标，等于失去行动的方向。这个道理再简单不过了，但为什么有很多人总是找不到自己的目标呢？原因就在于他缺乏确定自己目标的能力。

那些成功者，非常善于在行动之前，通过自己的思考和判断来找到一个适合自己能力的目标，因为在他们看来，找到目标就等于成功了一半。

在工作中，有的人喜爱随意，总把"到时再说吧"挂在嘴边，他们从来没有一个长远的计划和明确的目标，这个弱点使他们永远被拒绝在成功的门外。一个人只有先有目标，才有成就大事的希望，才有前进的方向。

选择生命中一个明确的主要目标，有着心理及经济两方面的理由。

一个人的行为总是与他意志中的最主要思想互相配合，这已是大家公认的一项心理学原则。特意深植在脑海中并维持不变的任何明确的主要目标，在我们下定决心要将它予以实现之际，它都将渗透到整个潜意识，并自动地影响身体的外在行动来实现目标。

要改变自己的生活必须从培养期望做起，但光有强烈的期望还不够，还得把这种期望变成一个目标。这就是说，你应该用想像力在脑袋里把目标绘成一幅直观的图画，直到它完完全全实现。俗话说："有丰富的计划，就有丰富的人生。假如你能确立人生目标，就已经踏出成功的第一步。"

譬如说，你对自己在学校里的学习成绩不够满意，想改变自己的落后成绩，取得更高分数。那么你就必须确立一个你所向往的明确目标，而不是模糊不清的想法。像"我想让更多的课程达到及格分数"或者"我想取得更好的成绩"这样的想法是不行的，你的期望必须是一种具体的目标："这学期的五门课程我一定要通过其中的四门"，或者"这学期我一定至少要得两个A和两个A+。"

如果你的目标是想获得更好的工作，那你就必须把这一工作具体描述出来，并自我限定准备哪一天得到这份工作。你绝不能对自己说："我希望有一个更好的工作，也许是推销员吧！"你必须用肯定的语气说："我希望有一个更好的工作，没错，我想当推销员。我要推销某种商品。我去找叔叔谈谈吧，向他请教请教，因为他已从事好几年的推销工作了。然后我向招聘推销员的7个公司发送了我的简历，过一个星期，我再致电每家公司，请他们替我安排一次面谈。"

如果你的目标是使家庭更加美满幸福，那你就必须确切地描述一下如何使你的婚姻状况得到改善。你必须把你所希望出现的那种美满婚姻描述出来——希望与你妻子或丈夫能够更深入地沟通，把所有藏在心中的话都说出来；你为了改变生活准备采取什么行动；你们夫妻俩能一起参加某项活动；你还必须找出最有利于沟通的时间，但千万别是对方拖着沉重的工作压力刚踏进家门时。

美国电影演员理查·伯顿通过切身体验发现，制定一个目标是多么重要！他是一个声誉极高的演员，事业上颇有成就。可有一次他表演失败了，一时想不开，便常常喝得酩酊大醉，想以此消愁，结果是借酒消愁愁更愁，不仅糟踏了自己的身体，还差点毁了自己的演艺生命。

后来，伯顿在其主演的一部影片获得极大回响以后，决心要戒酒。因为他逐渐感到，由于酒喝得太多，他甚至连台词都记不大住了。他说："我很想见见与我合作过的那些演员，我知道他们的演出都十分出色，可我现在连一个镜头都回想不起来了。"

这一痛苦经历促使他产生了要改变自己生活的强烈愿望。他为自己制定了一个具体目标，即严格地控制自己，过一种与酒告别的生活。他对自己的未来制订了明确的目标，甚至对与喝酒的朋友在一起会损失什么，也认真考虑了一番。他明白，在漫长的人生过程中，他必须改掉自己的一些不良习惯，他也相信，只要确定了某个具体目标，他就能实现它。

伯顿为自己制定了一个治疗计划，每天游泳、散步，并严禁喝酒。经过两年的努力，他终于达到了目的。他又重新组织了一个家庭，过着美满、幸福的新生活，他兴奋地说："我的工作能力完全恢复了。我发现自己的动作或思考都比酗酒时更加敏捷，精力更充沛，脑子转得也更快了。"

心理学上有一种"自我暗示"的方法，即运用潜意识将你的明确目标深刻印在心中。拿破仑借助此法，让自己从出身低微的科西嘉穷人，最后成为法国的君主；林肯也是借助于同样的方法，跨越了一道宽广的鸿沟，走出肯塔基山区的一栋小木屋，最后成为了美国总统。

如果一艘轮船在大海中失去了方向，在海上打转，它必然很快就会把燃料用完，却仍然到达不了岸边。事实上，它所用掉的燃料，已足够使它来往于海岸及大海好几次。

一个人若是没有明确的目标，以及达成这项明确目标的计划，不管他如何努力工作，都像是一艘失去方向的轮船。辛勤的工作和一颗善良的心，并不足以使一个人获得成功，因为如果一个人并未在他心中确定他所希望的明确目标，那么，他又怎能知道他已经获得成功了呢？

2. 如何寻找人生的方向

在工作中，不少忙碌的人就像走入了雾气弥漫的森林，拼命地想缩短与林外目的地的距离，却因失去了方向感而越走越远，越来越往森林的最深处摸进。

高尔夫球教练总是教导说，方向比距离更重要。因为打高尔夫球需要头脑和全身器官的整体协调。每次击球之前，选手都需要观察和思考，需要靠手、臂、腰、腿、脚、眼睛等各部位的有效配合进行击球。而击球的关键则在于两个"D"，即方向（Direction）和距离（Distance）。初学者中有不少人只想着把球打远，而忽视方向的重要性，其实，方向要比打远更重要！

　　人生就像打高尔夫球,如果方向对了,即使走得慢也能一步一步接近成功;可是如果方向错了,不仅白忙一场,还可能离成功越来越远。既然方向对于我们如此重要,那么如何寻找人生的方向就成了我们必须面对的难题。

　　怎样才能找到适合自己的人生方向呢?

　　让心灵指引方向。

　　在你做事情的时候,身边可能有很多人给你提出意见。这些意见是多种多样的,让你一时之间迷失了方向。其实,每一个给你提出意见的人,都是带有一定的自我心理倾向的,他会在不自觉中想要将他的想法强加给你,或者对你有一定的精神依托。

　　这个世界上,不会有比你更了解自己的人,所以在寻找人生方向的时候,一定要首先考虑自己喜欢的是什么,只有喜欢,才能有激情,才能在追求理想的过程中感受到幸福和快乐,而不是一想到自己将做什么事情,心里就非常抵触,感觉头痛。

　　钢琴家郎朗,刚开始弹琴时,家里人并不支持,甚至还有些反对,但是他一直在坚持自己的观点,要弹琴,一定要在音乐的领域里实现自己的人生价值。经过多方努力,家人终于不再阻止他,他也成功地走上了世界的大舞台。

选择方向,总会有许多的岔路口,但是不管处境有多么困难,我们都要注意倾听自己内心的声音,让心灵为自己的人生导航。

3. 策划人生方向要具体

很多人在规划人生的时候,容易犯"空""大"的毛病。可能我们在想,我想买一座大房子;我想买车;我想开一家自己的公司……但是我们很少想为了实现这样的人生目标,具体应该怎么做。

人生策划必须是明确的、清晰的、具体的,还要具有一定的可行性。如果你单单说,我想出人头地,那么是在哪一方面出人头地? 怎样的程度才算是你心中出人头地的标准? 这些我们必须要想清楚。

人生定位要适当。

人人都有欲望,都想过美满幸福的生活,都希望丰衣足食,这是人之常情。但是,如果把这种欲望变成不正当的欲求、变成无止境的贪婪,那我们就在无形中成了欲望的奴隶了。

在欲望的支配下,我们不得不为了权力、为了地位、为了金钱而削尖了脑袋去争。我们常常感到自己非常累,但是仍觉得不满足，因为在我们看来，很多人的生活比自己更富足，很多人的权力比自己大。所以，我们别无出路，只能硬着头皮往前冲，在无奈中透支着体力、精力与生命。

所以，我们在进行人生定位时，一定要量力而为，找到最适合自己的，而不是任由欲望支配，始终活在无法实现理想的痛苦里。

"股神"巴菲特说过："在你能力所及的范围内投资，关键不是范围的大小，而是正确认识自己。"所以，想要找准人生方向，就必须先了解自己。

反方向游的鱼也能成功。

人一旦形成了某种认知，就会习惯性地顺着这种定式思维去思考问题，习惯性地按老办法来处理问题，不愿也不会转个方向解决问题，这是很多人都有的一种愚顽的"难治之症"。这种人的共同特点是习惯于守旧，迷信盲从，所思所行都是唯上、唯书、唯经验，不敢越雷池一步。而有时要使问题真正得以解决，就要改变这种认知，将大脑"反转"过来。

当今社会，大多数企业都喊出了"换个方向就是第一""做一条反方向游的鱼"等口号，因为人们已经发现，随着社会竞争越来越激烈，单靠传统的思想与做法是不可能有多少成功的胜算的。所以，掉转方向，开辟一条全新的道路，不失为一种求发展的良策。

1820年，丹麦哥本哈根大学物理教授奥斯特，通过多次实验证实存在电流的磁效应。这一发现传到欧洲后，吸引了许多人参加电磁学的研究。英国物理学家法拉第怀着极大的兴趣重复了奥斯特的实验。果然，只要导线通上电流，导线附近的磁针立即会发生偏转，他深深地被这种奇异现象所吸引。当时，德国古典哲学中的辩证思想已传入英国，法拉第受其影响，认为电和磁之间必然存在联系，并且能相互转化。他想既然电能产生磁场，那么磁场也能产生电。

为了使这种设想能够实现，他从1821年开始做磁产生电的试验。几次试验都失败了，但他坚信，从反向思考问题的方法是正确的，并继续坚持这一思维方式。

10年后，法拉第设计了一种新的实验，他把一块条形磁铁插入一个缠着导线的空心圆筒里，结果导线两端连接的电流计上的指针发生了微弱的转动，电流产生了！随后，他又完成了各种各样的实验，如两个线圈相对运动，磁作用力的变化同样也能产生电流。

法拉第10年不懈的努力并没有白费，1831年他提出了著名的电磁感应定律，并根据这一定律发明了世界上第一台发电装置。

如今，他的定律正深刻地改变着我们的生活。

法拉第成功地发现了电磁感应定律，是对人们通过反方向思考取得成功的一次有力证明。

通常情况下，传统观念和思维习惯常常阻碍着人们创造性思维活动的展开，而反向思维就是要打破固有模式，从现有的思路返回，从与它相反的方向寻找解决难题的办法。常见的方法是就事物的结果倒过来思考，就事物的某个条件倒过来思考，就事物所处的位置倒过来思考，就事物起作用的过程或方式倒过来思考。生活实践也证明，逆向思维是一种重要的思考能力，它对人们的创造能力及解决问题能力的培养具有重要的意义。

80后新贵茅侃侃，只有初中学历，成为Majoy总裁。他能够获得成功是人们非常惊奇的，但是正如他所说："人和人的路不同，可能少了几年轻松的时光和一段经历，早吃亏四五年。"同样没有走传统的道路，在人们都前进的时候，他退了一步，但是他一样取得了成功。

在生活中，我们总是习惯跟在别人的身后跑，不管前方的道路是否适合我们发展，我们都喜欢一味地向前冲。这种思想无疑是受到了传统的从众思想与保守思想的影响。我们总是习惯于向前，可是人生的方向并不是单一的，也不是只有前方才能找到人生的突破口。在面对困难的时候，如果一直坚持向前，却找不到更好的出路，不妨换个方向，向后看看。

不要以为机会总在前方等着我们，有时候，恰恰是我们最固执的时候，它跑到了我们的身后，轻轻地拍了拍我们的肩膀。

4. 走自己的路，但也要听别人怎么说

但丁的一句"走自己的路，让别人说去吧"，在年轻人中掀起了一股叛逆的狂潮，于是，很多人在做事的时候不顾及别人的感受，只以自己的想法为准。人们很快给这种想法和行为下了一个定义：个人主义。

美国是讲究个人主义的国家。但是，这种对于自我的追求并没有在这个发达的国家产生多少过激的行为，人们的表现还是相对冷静的，因为在美国人看来，个人主义的背后还掩藏着一种氛围，那就是人们虽然可以独立地生活，但是不能只为了自己生活。

人是一种社会性动物，虽然未必是"群居"，但是每个人都不可避免地会发生一些社会关系。我们每个人都不是一个孤立的个体，都与别人有着一定的联系。这就要求我们在做事情的时候要顾及别人的感受，不能一意孤行。特别是当自己的思想还不够成熟的时候，一定要能听得进去别人的意见和劝告，否则，我们就可能会因为盲目相信自己而吃苦头。

可能很多年轻人会觉得，没有人真正了解我，只有我自己最清楚我想要的是什么，没有人能够完全站在我的角度想问题，所以我没有必要让别人的观点来影响我的判断力。特

别是一些取得了些许成绩的年轻人,当别人向他提出异议的时候,他往往会说:"我就是这样做事情的。"要是有人给他提出了一个比较好的处理事情的方法,他也会一口回绝:"这个方法我已经尝试过了。"

这种拒人于千里之外的行为,往往包含了一种自以为是的倾向。这样的思想倾向是非常不利于个人发展的,它常常会带来惰性、自满、不思进取等,阻碍我们的进步。如果这样的想法出现在企业里,更是发展的障碍。

美国航天工业巨子休斯公司的副总裁艾登·科林斯曾经评价史蒂夫说:"我们就像小杂货店的店主,一年到头拼命干,才攒那么一点财富。而他几乎在一夜之间就赶上了。"

史蒂夫22岁就开始创业,从赤手空拳打天下,到拥有2亿多美元的财富,他仅仅用了4年时间。不能不说史蒂夫是一个有创业天赋的人,然而史蒂夫却因为从来都独来独往,拒绝与人团结合作而吃尽了苦头。

他骄傲、粗暴,瞧不起手下的员工,像一个国王高高在上,他手下的员工都像躲避瘟疫一样躲避他,很多员工都不敢和他同乘一部电梯,因为他们害怕还没有出电梯之前就已经被史蒂夫炒鱿鱼了。

就连他亲自聘请的高级主管——优秀的经理人,原百事可乐公司饮料部总经理斯·卡利都公然宣称:"苹果公司如果有史蒂夫在,我就无法执行任务。"

对于二人势同水火的形式，董事会必须在他们之间决定取舍。当然，他们选择的是善于团结员工和员工拧成绳的斯·卡利，而史蒂夫则被解除了全部的领导权，只保留董事长一职。对于苹果公司而言，史蒂夫确实是一个大功臣，是一个才华横溢的人才，如果他能和手下的员工们团结一心的话，相信苹果公司是战无不胜的，可是他却选择了孤立独行，这样他就成了公司发展的阻力，才华越大，对公司的负面影响就越大。所以，即使是史蒂夫这样出类拔萃的老员工，如果没有团队精神，公司也只好忍痛舍弃。

这个讲究共赢的时代里，没有完美的个人，只有完美的团队，这一观点已被越来越多的人所认可。每个人的精力、资源有限，只有在协作的情况下才能达到资源共享。

单打独斗的年代已经一去不复返，只有虚心接受别人的意见并且懂得与别人合作的人才能成就自己，并因此而获得双赢。所以，前进途中，不要只顾走自己的路，我们也要听听别人怎么说。

第
二
章

前
进
吧
！
就
像
从
不
曾
迷
茫
过
一
样

5. 不断调整自己的人生航向

人要使自己在成功后仍然保持激昂的斗志，长久保持旺盛的战斗力，就要善于在人生的各个阶段不断调整自己，使自己适应不断出现的新情况。

有些时候，我们可能正在做一件很熟悉而令人愉快的事。事情进展很顺利，你的心情也异常轻松如意，觉得一切都很好。可是，一个偶然的现象或者一闪而过的某个念头，突然使你想起了一件伤心的往事，你的心情在一瞬间便低落下来。

接下来你的情绪越来越不好，心里总是想一些令你感到失落的事。你想避开这种想法，可是不行，越是想忘掉的事，越是清晰、反复浮现在你的脑际。这时候，你手里做的事随之缓慢起来，手脚变得不听使唤，明明很熟悉简单的事，你却怎么也做不好。

每个人都会遇到类似的状况，在人的一生当中，更是经常出现这种莫名其妙的低沉、失落。有时它会持续很长一段时间，甚至使你从此再也无法振作起来。很多人对此无可奈何，找不出原因是什么。

但事实上，这种事并不奇怪，只是不大引起我们注意罢了。

再举一例，有一个本领高强、以实力压倒群雄的运动选手,他技巧熟练,几乎已找不到对手,简直不知失败为何物。每个人都以他为话题，他的成功与胜利仿佛将永远持续下去。但是,想不到有一天他竟突然失去了获胜的力量,以致名声也突然走下坡路了。熟悉他的人都找不到原因,而外界的人们更是奇怪,传说纷纷。

有一位在西班牙的世界杯足球赛中.为自己的球队赢得胜利的明星球员——尤文图斯队的著名前锋保罗·罗西。他身怀高超的球技,是非常优异的选手,但为什么在世界杯以后短短的二三年内就被众人遗忘?然而事实就是如此,保罗·罗西从舞台上消失,被普拉蒂尼取代,然后是马拉多纳。

为什么有些人一下子就消失得无影无踪,有人却经过多年之后仍旧保有其地位,依然才能出众,备受瞩目?后者与其他人有何差异? 是身体的构造不同? 还是能在心灵、精神、企图心等方面,找出其间的差异?或者说,是一种保持状态的能力在起作用?

实际上,这正是我们应该注意的方向,也就是一个人内心的状态以及企图心。

以在法国科西嘉岛上的贫困家庭出生的拿破仑为例,他拥有坚强不屈的意志,甚至能够控制自己的肉体,视情况为需要调整睡眠时间。但是,拿破仑后来也脱离现实,自认为已立于不败之地,把自己看成了神。他忘记成功是由许多条件与历史因素(亦即当时人们对革命的信仰、基层士兵的欲望、欧洲各国民心一致)所造成的,于是走向衰败。如果他有更深的教养,能够倾听别人的声音并加以反省,能够不断提醒自己不要陷于忘乎所以,或许就可以免于如此快速地走向没落。

实际上,所有的人都是如此。我们每个人的内心深处都隐藏着想要解放的欲望,这正是驱策我们向前走的强烈动机。但是,我们一旦在事业、恋爱、艺术、学术等方面获得成功,就容易忘掉是什么原因或靠谁的帮助才得以成功,就容易放松自己的企图心。

如何适时地调整自己的状态,以使自己适应人生中的各种时期和各种可能出现的意外,是生命中最重要的课题之一。

比如一名作家,在某一段时期里,他会感到有着非常强烈的创作欲望,不断地写出脍炙人口的作品来。在写作时,他会觉得思路很顺畅,文字像要从脑海里蹦出来一样。这时候他写的东西,优美感人,人物形象栩栩如生,使人读起来不忍释手。

可是,有一天,或者在他付出艰辛的努力终于写完一个长篇之后,他可能会感到浑身轻松,然后预备写下一个长篇小说,但他突然发现自己怎么也写不出东西来。尽管挖空心思,却收效不大。写出来的作品连自己也看不过去。这种情况同我们开始所述一样,作家忽然找不到了感觉,但却很不容易明白这是什么道理。

实际上，这是他的状态出现了问题。当然，这同受外界的诱惑而导致的松懈完全不同，而这种状况又往往令人不明不白，难以找到具体的原因。

但这并非绝对不可扭转的，关键是不论在何种状况下，我们都应对自己的环境、心态、工作性质及周围的人的因素有个明确的了解，调整自己的情绪，改变一成不变的工作方法。这样，才可能扭转颓势，使自己重新找到良好的状态，保持不断进取的势头。

以上的那位作家，是因为太投入太紧张的工作和后来突然松懈形成的反差，形成心理上的疲软和过度紧张。这时候，他只要走出家门，放松自己，去大自然中走一走，用一段时间完全不想写作上的事。再次提笔时，他会发现自己的灵感恢复如初，写作起来异常顺利。

这是调整状态的一种方法，即转移注意力。我们在连续工作和过度紧张的情况下，就容易造成工作效率及心理情绪的低下，因此有必要转移注意力，让自己的身体和心灵都得到休息、恢复。

而对于另一种人来说，情况则完全与此相反。这种人是在取得一定的成功后，变得自大、骄傲、自以为是，从而自然放松了进取的主动性和积极性。

他们很满足于已经取得的成绩，认为自己用不着再像从前一样艰苦努力和辛勤劳作。因此他们开始讲究享受，个性也变得狂傲不羁,颐指气使,高高在上。但是这种日子不会持续太久,到他突然发现自己坐吃山空,需要重新创业时,他会惊慌失措,迫不及待地重操旧业。

显然,这时候他们已找不到当初劲头十足、游刃有余的感觉,做什么事都会磕磕绊绊,极不顺利。这当然是由于身心的懈怠所致。

善于调整自己的人不会允许自己出现这种松懈。不管取得了什么样的成就,他都能正确面对,心神宁静。他不会为任何的成功沾沾自喜,忘记了追求成功的艰辛和困苦,也不会为一时的挫折垂头丧气,失去了重新战斗的勇气。只有这种人,才不会被历史的洪流所埋没、冲走,消失得无影无踪。

记得,要不断调整自己的人生航向,使之在安全、正确的航道上高速前进,一直到达理想的彼岸。

6. 将大目标分解为小目标

查理·库冷先生曾以一种有意义的方式表示了他的创意。他说:“成为伟人的机会并不像急流般的尼亚加拉瀑布那样倾泻而下,而是缓慢的一点一滴。”

普林斯顿大学认为:目标也是这样。当你有一个大目标时，一下子实现并不是那么容易，所以你要化整为零，将大目标分解为小目标。如果把一个个小目标实现了，那么离大目标也就越来越近了。

制定了目标，是不是就一定万事大吉了呢？俄国著名作家列夫·托尔斯泰曾给自己确定了一个生活的准则，他强调："人活着要有生活的目标：一辈子的目标，一段时间的目标，一个阶段的目标，一年的目标，一个月的目标，一个星期的目标，一天、一小时、一分钟的目标"。有了目标，我们还要为实现目标做计划，也就是说，把大目标分解为一个个具体可行的小目标，每天都努力地向目标靠近，哪怕每天靠近一点点，都不要将自己的目标束之高阁。比如一个人，他的人生目标是做一位知名的骨科医生，为所有骨科患者服务。现在看来这个目标或许太大，无法实际操作，因此还要进一步分解。他的目标可以这样分解：

高中每学年的目标，初中每学年的目标，每学期的目标，每个月的目标，每天的目标。将大目标变成了每天都可以操作实践的小目标，这样就可以使人坚持不懈地督促自己。当然，不同的目标有不同的分解方法。之所以这样做，是为了保证目标的连续性和可操作性。只有每个小目标实现了，你的大目标才有可能变为现实。千万记住不要"好高骛远"。在制定目标时一定要切合自己的实际情况。如果你好高骛远，所制定的目标无法实现，那就毫无价值了。

25岁的时候，普雷斯失业并面临挨饿。他以前在伊斯坦布尔、在巴黎、在罗马，都曾尝过贫穷挨饿的滋味。然而在这个纽约城，处处充溢着富贵气息，使他觉得失业可耻。

普雷斯不知道该怎么办，因为他觉得自己胜任的工作非常有限。他能写文章，但不会用英文写作；白天就在马路上东奔西走，目的倒不是为了锻炼身体，因为这是躲避房东的最好办法。

一天，普雷斯在42号街碰见一位金发碧眼的高个子。普雷斯立刻认出他是俄国的著名歌唱家夏里宾先生。普雷斯记得自己小时候，常常在莫斯科帝国剧院的门口，排在观众的行列中间，等待好久之后，方能购到一张票，去欣赏这位先生的艺术。后来普雷斯在巴黎当新闻记者，曾经去采访过他，普雷斯以为他是不会认识自己的，然而他却还记得普雷斯的名字。

"很忙吧？"夏里宾问普雷斯，普雷斯含糊回答了他。普雷斯想：他一眼就看出了我的境遇。"我的旅馆在第103号街，百老汇路转角，跟我一同走过去，好不好？"他问普雷斯。

走过去？其时是中午，普雷斯已经走了5个小时的马路了。

"但是，夏里宾先生，还要走60个横马路口，路不近呢。"

"谁说的？"夏里宾毫不含糊地说，"只有5个马路口。"

"5个马路口？"普雷斯觉得很诧异。

"是的，"他说，"但我不是说到我的旅馆，而是到第6号街的一家射击游艺场。"

这有些答非所问，但普雷斯却顺从地跟着他走，一下子就到了射击游艺场的门口，看着两名水兵，好几次都打不中目标。然后他们继续前进。

"现在，"夏里宾说，"只有11条横马路了。"普雷斯摇摇头。

不多一会，走到卡纳奇大戏院，夏里宾说："我要看看那些购买戏票的观众究竟是什么样子。"几分钟之后，他们又前进了一段路。

"现在，"夏里宾愉快地说，"离中央公园的动物园只有5个横马路口了。里面有一只猩猩，它的脸很像我所认识的唱次中音的朋友。我们去看看那只猩猩。"

又走了12个横路口，已经来到百老汇路，他们在一家小吃店前面停了下来。橱窗里放着一坛咸萝卜。夏里宾遵医嘱不能吃咸菜，于是他只能隔窗望望。"这东西不坏呢，"他说，"使我想起了我的青年时期。"

普雷斯走了许多路，原该筋疲力尽了，可是奇怪得很，今天反而比往常好些。这样忽断忽续地走着，走到夏里宾住的旅馆的时候，夏里宾满意地笑着："并不太远吧？现在让我们来吃中饭。"

在那顿满意的午餐之前，夏里宾解释给普雷斯听，为什么要走这许多路的理由。"今天的走路，你可以常常记在心里。"这位大音乐家庄严地说，"这是生活艺术的一个教训：你与你的目标之间，无论有怎样遥远的距离，切不要担心。把你的精神集中在5个横街口的短短距离，别让遥远的未来使你烦闷。常常注意未来24小时内使你觉得有趣的小玩意。"

夏里宾先生把60个路口，一次又一次地分割成更小的目标，最终分割到5个路口。每次只是走一段路实现一个小的目标，而总的目标实现起来就容易多了。

在人生的道路上，每一个人最初之时都有远大的目标，可是最终实现的人又有多少？半途而废丧失信心的人又有多少？

1984年，在东京国际马拉松邀请赛中，名不见经传的日本选手山田本一出人意料地夺得了世界冠军。当有人问他凭借什么取得如此惊人的成绩时，他说了这么一句话：凭智慧战胜对手。

当时许多人都认为这个偶然跑到前面的矮个子选手是在故弄玄虚。许多人都认为马拉松赛是考验体力和耐力的运动，只要身体素质好又有耐力就有望夺冠，爆发力和速度都还在其次，说用智慧取胜确实有点让人产生怀疑。

两年后，意大利国际马拉松邀请赛在意大利北部城市米兰举行，山田本一代表日本参加比赛。这一次，他又获得了世界冠军，有人又问他有什么秘诀。

山田本一性情木讷，不善言谈，回答的仍是上次那句话：用智慧战胜对手。然而在10年后，这个谜底终于被揭开了，在他的自传中他是这样写的：每次比赛之前，我都要乘车把比赛的线路仔细地看一遍，并把沿途比较醒目的标志画下来，比如第一个标志是银行；第二个标志是一棵大树；第三个标志是一座红房子……这样一直画到赛程的终点。比赛开始后，我就以百米的速度奋力地向第一个目标冲去，等到达第一个目标后，我又以同样的速度向第二个目标冲去。四十多公里的赛程，就被我分解成这样若干个小目标轻松地跑完了。起初，我并不懂这样的道理，我把我的目标定在四十多公里外终点线上的那面旗帜上，结果我跑到十几公里时就疲惫不堪了，我被前面那段遥远的路程给吓倒了。

可见他用的是分解目标这一智慧，这的确是一个很不错的方法。

有这样一则寓言：一只新组装好的小钟放在两只旧钟当中。两只旧钟"滴答""滴答"一分一秒地走着，其中一只旧钟对小钟说："来吧，你也该工作了，可是我有点担心，你走完3300万次后，恐怕便吃不消了。""天哪，3300万次。"小钟吃惊不已。"要我做这么大的事？办不到，办不到。"它非常失望地站着。另一只旧钟见了说："别听他胡说八道，不用害怕，你只要每秒钟'滴答'摆一下就行了。""天下哪有这样简单的事？"小钟高兴地叫起来，"只要这样做，那就容易多了，好，我现在就开始。"小钟很轻松地每秒钟"滴答"摆一下，不知不觉中，一年过去了，它摆了3300万次。

在一个大目标面前，或许我们觉得我们根本无法实现目标，常常会因为目标的遥远和艰辛感到气馁、怯伤，甚至怀疑自己的能力。而在一个小目标面前我们却往往充满信心地完成，有些急功近利的人，一开始就给自己定下大目标，天长日久，当他发现目标离自己仍很远时，就会因为自卑而放弃一如既往的努力，其实，我们可以把每个大目标分成无数个我们可以实现的小目标，当你实现了每个小目标，认认真真做好了每一件事，大目标也就离你不远了。

在生活中，之所以很多人做事会半途而废，往往不是因为难度较大，而是觉得距成功太遥远。他们不是因失败而放弃，而是因心中无明确而具体的目标乃至倦怠而失败。如果我们懂得分解自己的目标，一步一个脚印地向前走，也许成功就在眼前。

把大的目标分解，经常检查自己实现目标的状况，经常体验实现目标的快乐，用这样的方法，即使是遥远的马拉松，也可以跑的很轻松。火箭是那么笨重而又庞大的一个物体，它飞向月球需要一定的速度和质量。科学家们经过精密的计算得出结论：火箭的自重至少要达到100万吨。而如此笨重的庞然大物怎么才能让它飞上天空呢？所以，在很长一段时间里，科学界都一致认为：火箭根本不可能被送上月球。难道真的就没办法让火箭飞向月球吗？就在这时有人提出"分级火箭"的思想，问题才豁然开朗起来。将火箭分成若干级，当第一级将其他级送出大气层时便自行脱落以减轻重量，这样火箭的其他部分就能轻松地逼近月球了。

如同分级火箭一样，学会把目标分解开来，化整为零，变成一个个容易实现的小目标，然后将其各个击破，不失为一个实现终极目标的有效方法。是啊！你不妨把你犹如登月似的宏大目标进行有效地分解，分段分时实现，不是容易的多吗？不能一飞冲天，那就循序渐进。很多时候，我们之所以感到困难不可逾越，成功无法企及，正是因为觉得目标离自己太过遥远而产生了畏惧感。

清楚表述未来之梦及人生目标之后，你就可以着手制定长期和短期的目标了。目标不单可以用业绩表示，也可以用时间表示。目标可以涉及人生的各个领域，视你想取得什么成就而定。积土成山，积沙成塔、积水成渊，积小胜为大胜，积小目标为大目标。这样一点一滴地去积垒成功，才能赢得更大的成功。

7. 太多的目标等于没有目标

有一个很上进的年轻人，总对自己的生活感到不满，时常觉得很烦躁、很困惑，朋友问他为什么，他便说：

"我是个很有理想并且愿意为此努力的人，从小我就有很多人生目标。自从我大学毕业以后，我就开始经营我的理想和事业，可到现在我付出了许多，学到了很多本领，却一事无成。比如，我一毕业马上去学会计，我觉得那更实用；后来我发现心理学在今后一定有很大的发展空间，我马上又去学心理学；在这同时，我想踏实干好现在的工作以证明自己，但因压力觉得不安稳便又去进修与我工作相关的计算机编程，我想我很快就会成为一名高手。诸多的课程让我很疲惫，但是我想到未来一定会有用，又不忍心放弃我正在学的东西，可事实上到现在为止，我所学的课程进度都很慢，所以我很烦恼，为什么我这么努力却看不到成就呢？"

目标太多，却没有分身之术，举棋不定，不知应该放弃还是坚持。不知道你是否有过诸如此类的困惑。

普林斯顿大学给这些困惑的人做过这样的比喻，"这种选择就像在过一个陌生的十字路口，只要你选准一条路径直往前走，每一条路都可以通往目的地。可如果总是怀疑自己的方向不对，一次又一次地退回来选其他的路，那么不管你以什么样的速度走都总在原点附近徘徊，永远走不到你的目的地。你付出的越多就越会觉得疲劳和辛苦。"

约翰从一家广告公司的小职员，做到副总，正是得益于这条至理名言。

刚到那家公司上班时，约翰很勤奋，很快就掌握了工作的窍门，做起事来得心应手，每天大约只用一半的时间就能完成老板交代的工作。空闲的时间一多起来，他便想起自己学生时代曾写了一半的长篇小说——一直以来，当个小说家也是他的梦想之一，于是在空闲的时间里他便继续了他的文学创作。

直到有一天，老板发现了他的秘密，约翰很不安，但老板并没有因此批评他，而是与他进行了一次开诚布公的交谈。

老板很温和地问他："我看过你的小说，写得还不错呀！但是，我希望你能和我说说，对人生，你有什么样的规划？"

这个问题早在五年前他就想得很明白。所以他信手拈来，告诉了老板他的很多梦想，比如当一名作家，一名设计师，一个企业的高级管理者，一名出色的服装设计师……

老板很认真地听他说完，并没有对此有任何评价，只是问约翰是否听到过这样的故事：

　　"在森林里，三条猎狗追赶一只土拨鼠。情急之下，土拨鼠钻进了一个树洞里。这个树洞只有一个出口。三只猎狗就死守在树下。过了一会儿，一只兔子钻出树洞，飞快地跑，跑着跑着就爬到一棵大树上。兔子很得意，在树上嘲笑下面的三只猎狗，结果它得意忘形，一不小心从树上掉了下来，砸晕了正仰头看它的三条猎狗。兔子趁机逃掉了。嗯，想一想，这个故事有什么问题吗？"

　　约翰觉得很有趣，认真地想过后："第一，兔子不会爬树；第二，一只兔子不可能同时砸晕三条猎狗。"

　　老板笑着说："分析得不错，可是，最重要的问题——土拨鼠哪儿去了？"

　　约翰恍然大悟，"是呀！怎么把它给忘记了？"

　　老板笑着说："这只土拨鼠就好像是你最初为自己设定的人生目标。显然，这个目标被你忽视了，想必你已经忘记了。当初刚进公司的时候，你曾信心百倍地说过一句话——'我要做一个出色的广告人'，正是这句话打动了我，我才让你到我的公司里来的，你不会不记得了吧？"

　　约翰这才明白老板的用意。这时老板又补充说："我相信你是广告策划方面难得的人才。我只是想提醒你，人的精力有限，要想做到面面俱到，是不太现实的。好好做你的广告策划，你会前途无量的。至于写小说、搞设计，最好只当成业余爱好。要记住，人生的目标不能太多，人这一辈子若能把一件事做得出色，就已经是很大的成功了。"

此后，约翰便时常用这话来敲打自己，两年后，他终于升为广告策划总监。

一般情况下，人们对生活的迷失都是所要或所想的太多而又一时达不到目标所造成的。这种想法使很多人不能将精力专注于一项事业，他们总是目标多多，精力分散，总是做着这件事，又想着那件事，最后什么也做不好，还错过了许多近在咫尺的成功机会。所以他们永远也快乐不起来，因为他们永远都不能达成自己的理想。

大凡成功人士，都能专注于一个目标。伊斯特曼致力于生产柯达相机，这为他赚进了数不清的金钱，也为全球数百万人带来了不可言喻的乐趣；比尔·盖茨一心做软件开发，终成为世界首富……

每天都花一点点时间问一下自己的内心真正想要的是什么，什么才是你最快乐最满足的理想，慢慢地，你会发现，那些遥远的不切实际的梦想和杂念都是你追逐美好生活的累赘，而那些离你最近的事物才是你的快乐所在。把精力集中在这些最让你快乐的事情上，别再胡思乱想偏离正确的人生轨道。只要我们一次只专心地做一件事，全身心地投入，就一定会收获更多的成果和快乐。

法国马赛一位名叫多梅尔的警官，为了缉捕一名罪犯，查阅了十几米高的文件档案，打了30多万次电话，足迹踏遍四大洲,行程达到80多万公里。

经过52年的漫长追捕,多梅尔终于将罪犯捉拿归案,此时多梅尔已经是73岁高龄。有记者问他这样做值得吗?他回答:"一个人一生只要干好一件事,这辈子就没白过。"

当初多梅尔接过这个案子时,也许他并没有想到这会成为自己矢志不渝、奋斗终生的目标。他只是把它当作一个普通案件,履行一个警官应该履行的职责。然而随着案情的一步步深入,作为一名执法者的高度责任感和使命感,使他再也不能淡然处之了。因为一个小姑娘无辜惨死的眼睛还没有合上,他时时刻刻都在被那双眼睛注视着。

也就是从这时候起,多梅尔把缉捕罪犯立为了自己的终生之志。

一任风霜雨雪,途程万里;一任寒暑过往,四时变易。一万八千多个日夜从身边流去了,意气风发的昂扬少年变成了垂垂老矣的衰年暮翁,但他仍然在执着地干着一件事。跬步之积而至千里,滴水之聚终成江河,经过52年的漫长耕耘,多梅尔终于有了收获。

当他把手铐铐在那名同样年老的罪犯手上时,竟然兴奋得像个孩子:"受害者可以瞑目了,我也可以退休了。"

一个人一生中只要能够干好一件事,当他回忆往事的时候,就不会因为虚度年华而悔恨,也不会因为碌碌无为而羞愧,他可以像多梅尔那样自豪地说上一句:"我这辈子没有白过!"

的确，人的一生真的很短暂，一个人一辈子能真正干好一件事就不错了。有的人，好高骛远，心性浮躁，频繁跳槽，这山望着那山高，老觉得人家碗里肉多，到头来，虽说干过不少事，可连一件事也没有干好。有的人，不务正业，无所事事，一生的全部意义，就是证实了碌碌无为是多么可怕的事情。这种人的人生价值，和那个法国警察相比真是天壤之别。

其实，我们如果把人类社会比做一大厦，那么每个人就是大厦上的一块砖，只有大家都能做到尽职尽责，干好自己该干好的那一件事，做一块质量合格的砖，大厦才能牢固、宏伟。当会计的不错算一笔账，当营业员的把微笑送给客户，当演员的努力塑造好每一个角色……这些都是很平凡的事，但一个人若能一辈子干好其中一件事，就没有虚度人生。想想看，美好的世界，不就是由这样美好的事组成的吗？

8. 用坚定的信念为目标护航

一位著名的企业家说：人生一定要有明确的目标。在追求目标的过程中，一定要坚定信念，要咬定青山不放松，这样才能使自己全身心投入，行动起来才能敏捷、有力度。唯有保证目标正确，信念坚定，行动有力，才能保证不断迈向卓越的人生。

"目标"与"信念"这两个词经常连在一起。目标是一种外在的、具体的、实际的表现，信念则是一种内在的、抽象的、含蓄的表现。现实中的目标就像一个运动的靶子，如果我们没有认定目标的决心，内心没有坚定的信念，稍不留神，它就会溜之大吉。外在的言行可能成为我们生活中的一个定点，也就是我们平常说的目标。心里有了对这个目标的向心力、凝聚力，才会对它产生一种激情，去追寻它、发展它、实现它。这种激情是源于对自己内心表现的一种认可，是自身价值在社会中所体现出来的一种认可，是对信念的一种表现形式。

如果我们发现自己对人生充满了信心和激情，自然而然就会在心中树立对这种信心和激情向往的坚定信念，朝着这个目标努力走下去。这种信念不是装出来，它是源自我们内心迸发出来的一种力量，是目标带来的信念与激情的良好结合。

有人说：信念是人生的太阳，也是向目标前进的动力。这话一点儿都不错。

在20世纪50年代早期美国南加州一个小小的城镇中，一个小女孩抱着一堆书到图书馆的柜台。

这个小女孩是个小读者。她父母的书满屋子都是，但都不是她想看的。所以她每个礼拜都会到坐落在一排木结构房子中的黄色图书馆浏览，里面的儿童图书在一个隐蔽的角落，她就在这个角落里碰运气找她想看的书。

当白发苍苍的图书管理员正在为这个10岁的小女孩所借的书盖上日期戳印时，小女孩渴望地看着柜台上"新书专柜"的地方。她为写书这件事一再地惊叹，在书中开创另一个世界是何等的荣耀。

在这个特别的日子，她定下了她的目标。

"当我长大以后，"她说，"我要当一个作家，我要写书。"

图书管理员检索了她的戳记后，并没有像其他大人一样叫小孩谦虚点，而是微笑着鼓励她说："如果你真的写了书，把它带到我们图书馆来，我会展示它，就放在柜台上。"

小女孩承诺说："我一定会的。"

她长大了，她的梦也是。

她在九年级时有了第一份工作，撰写简短的个人档案，每写一个档案，地方的报社都会给她1.5元钱。对于这份工作，钱的吸引力比让她的文字出现在报刊上的魔力逊色多了。通过这份工作，她的写作能力得到了很大的提高，但这离写一本书还有很长的路要走。

以后，她编学校的校内报纸，结婚，有了自己的家，而写作的火焰还在内心深处燃烧着。她有了一个兼职的工作，把学校发生的新闻编成周报。

但书还是连影子也没有。

以后，她又到一家大报社从事全职的工作，甚至还尝试编辑杂志，还是没写书。

最后，她相信她有话要说，于是开始了创作。她把成品送给两家出版商过目，但遭到拒绝，于是她悲伤地把它丢在一旁。7年后，旧梦复燃，她有了一个经纪人，又写了另外一本书。

她把藏起来的那本书一起拿出来，很快地两本书都找到了出版商。

但书的出版比报纸慢得多，所以她又等了两年。有一天，内含这名自由撰稿人新书的邮包寄到她门前，她打开一看，哭了起来。等了这么久，她的梦终于实现在她的手上。

她记起了图书馆管理员的邀请和她的承诺。

当然，那个特别的管理员早已去世，小小图书馆也扩建成了大图书馆。

她打电话问了图书馆馆长的名字。她给这位图书馆馆长写了一封信，说以前的那位图书馆对一个小女孩的意义有多重大。她在高中毕业后第三十年校庆会回到小镇来。她写信问她是否可以带两本书送给图书馆，因为这对当时那个10岁的小女孩而言是件大事，图书馆复电表示欢迎，所以她带了她的两本书去了。

她发现新的大图书馆就在她母校对面，几乎就在她老家旧址，从前的隔壁人家已经都拆除了，变成一个市中心，还有这间大图书馆。

然后，她把她的书交给图书馆工作人员，而图书管理员把它们放在柜台上，还附上了解说。泪水流满了她的面颊。

　　她拥抱了图书馆工作人员之后离开了，还在图书馆外面照了一张相片来证明虽然经过了三十多年，但梦想成真，承诺也兑现了。

　　站在图书馆公布栏的海报旁，10岁小女孩的梦想和这名作家终于合而为一了，海报上头写着：欢迎归来，姜·米歇尔！

　　老图书管理员的一句话，如同一把火点燃了女孩儿心中的希望，激励了她孜孜以求的一生。她的成功再次启示我们：命运并不存在于一个小时的决定中，而是建筑在远大目标的建立、经受考验和默默无闻的工作基础上。成功绝不会一帆风顺，青云直上。要想成功，就要靠着顽强的信念和斗志，不懈攀登，克服障碍，寻求机会。

　　罗杰·罗尔斯出生在纽约声名狼藉的大沙头贫民窟。这里环境肮脏，充满暴力，是偷渡者和流浪汉的聚集地。在这儿出生的孩子从小就逃学、打架、偷窃、吸毒，长大后很少有人从事体面的职业。然而，罗杰·罗尔斯却是个例外，他不仅考入了大学，而且最终成了纽约州的州长。

　　在就职的记者招待会上，一位记者对他提问：是什么把你推向州长宝座的？面对三百多名记者，罗尔斯对自己的奋斗史只字未提，只谈到了他上小学时的校长——皮尔·保罗。

　　皮尔·保罗担任诺必塔小学的董事兼校长的时候正是美国嬉皮士流行的时代，他发现诺必塔小学的穷孩子们比"迷惘的一代"还要无所事事。他们不与老师合作,旷课、斗殴、砸烂教室的黑板。皮尔·保罗想了很多办法来引导他们,可是没有一个是奏效的。后来他发现这些孩子都很迷信,于是在他上课的时候就多了一项内容——给学生看手相。他用这个办法来鼓励学生。

一天当罗尔斯从窗台上跳下,伸着小手走向讲台时,皮尔·保罗握着他的小手说:"我一看你修长的小拇指就知道,将来你是纽约州的州长。"当时,罗尔斯大吃一惊,因为长这么大,只有他奶奶让他振奋过一次,说他可以成为五吨重的小船的船长。这一次,皮尔·保罗先生竟说他可以成为纽约州的州长,着实出乎他的预料。他记下了这句话,并且相信了它。

从那天起,"纽约州州长"就像一面旗帜,罗尔斯的衣服不再沾满泥土,说话时也不再夹杂污言秽语。他开始挺直腰杆走路,在以后的40多年间,他没有一天不按州长的身份要求自己。51岁那年,他终于成了州长。

罗尔斯在他的就职演说中说:"信念值多少钱?信念是不值钱的,它有时甚至是一个善意的欺骗,然而你一旦坚持下去,它就会迅速升值。"

信念这种东西任何人都可以免费获得,所有成功的人,最初都是从一个小小的信念开始,信念是所有奇迹的萌发点。

面对人生旅途中的挫折与磨难,我们需要清醒的头脑,更需要有坚定的信念。支撑我们为人生目标奋斗的,有我们的家庭、温暖的责任，还有我们的爱，这都是影响我们信念坚定与否的重要因素。当我们明白为什么而做、为谁而做的时候，更能体现我们的激情，更能发挥我们的创造力，更能增强我们达成目标的动力。

9. 追求目标要有毅力还要有弹性

成功的方法不仅仅在于坚韧的奋斗，更应该发挥自己的想象力与创造力，因为成功的道路并不只是一条。一条路行不通，积极、灵活地寻找另一条通往成功的路，才可以将自己立于不败之地。

山德士上校是"肯德基炸鸡"连锁店的创办人，他在年龄高达65岁时才开始从事这个事业。因为他身无分文且孑然一身，当他拿到生平第一张救济金支票时，金额只有105美元，内心实在是极度沮丧。他不怪这个社会，也未写信去骂国会，仅是心平气和地自问："到底我对人们能做出何种贡献呢？我有什么可以回馈的呢？"随之，他便思量起自己的所有，试图找出可为之处。

头一个浮上他心头的答案是："很好，我拥有一份人人都会喜欢的炸鸡秘方，不知道餐馆要不要？我这么做是否划算？"随即他又想到："我真是笨得不可以，卖掉这份秘方所赚的钱还不够我付房租呢！如果餐馆生意因此提升的话，那又该如何呢？如果上门的顾客增加，且指名要点炸鸡，或许餐馆会让我从中抽成也说不定。"

好点子固然人人都会有，但山德士上校就跟大多数人不一样，他不但会想，还知道怎样付诸行动。随之，他便挨家挨户拜访，把想法告诉每家餐馆："我有一份上好的炸鸡秘方，如果你能采用，相信生意一定能够提升，而我希望能从增加的营业额里抽成。"

很多人都当面嘲笑他："得了吧，老家伙，若是有这么好的秘方，你干嘛还穿着这么可笑的白色服装？"这些话是否让山德士上校打了退堂鼓呢？丝毫没有，因为他还拥有天字第一号的成功秘诀，我们称其为"能力法则"，意思是指"不懈地拿出行动"：在你每当做什么事时，必得从其中好好学习，找出下次能做好的更好方法。山德士上校确实奉行了这条法则，从不为前一家餐馆的拒绝而懊恼，反倒用心修正说词，以更有效的方法去说服下一家餐馆。

山德士上校的点子最终被接受，你可知先前被拒绝了多少次吗？整整1009次之后，他才听到第一声"同意"。在过去两年时间里，他驾着自己那辆又旧又破的老爷车，足迹遍及美国每一个角落。困了就和衣睡在后座，醒来逢人便诉说他那些点子。他为人示范所炸的鸡肉，经常就是果腹的餐点。历经

1009次的拒绝,整整两年的时间,有多少人还能够锲而不舍地继续下去呢? 真是少之又少了,也无怪乎世上只有一位山德士上校。我们相信很难有几个人能受得了20次的拒绝,更别论100次或1000次的拒绝,然而这也就是坚持的可贵之处。

如果你好好审视历史上那些成大功、立大业的人物,就会发现他们都有一个共同的特点,不轻易为"拒绝"所打败而退却,不达成他们的理想、目标、心愿,就绝不罢休。

华特·迪斯尼为了实现建立"地球上最欢乐之地"的美梦,四处向银行融资,可是被拒绝了302次之多。今天,每年有成百万游客享受到前所未有的"迪斯尼欢乐",这全都出于一个人的决心。

多方努力去尝试,凭毅力与弹性去追求所企望的目标,最终必然会得到自己所要的,可千万别半途而废。这句话说来简单,但我相信你一定会从内心同意,就从今天起拿出必要的行动,哪怕那只是小小的一步。

伊尔莎年轻的时候,有一天父亲带她登上了罗马一座教堂的塔顶。

"往下瞧瞧吧,伊尔莎!"父亲说道。

伊尔莎鼓足勇气朝脚底看去,只见星罗棋布的村庄环抱着罗马,如蛛网般交叉弯曲的街道,一条条通往罗马广场。

"好好瞧瞧吧,亲爱的孩子,"伊尔莎的父亲温柔地说,

"通往广场的路不止一条。生活也是这样。假如你发现走这条路达不到目的地，你就走另一条路试试！"

伊尔莎的生活目标是成为一名时装设计师。然而，在她向这个目标前进了一小段路之后，就发现此路不通。伊尔莎想起了父亲的话，决定换一条前进的道路。

伊尔莎来到了巴黎这个全世界的时装中心。有一天，她碰巧遇到一位朋友，这位朋友穿着一件非常漂亮的毛绒衣，颜色朴素，但编织得极其巧妙。通过朋友介绍，伊尔莎知道编织这位毛衣的太太名叫维黛安，在她的出生地美国，她学会了这种针织法。

伊尔莎突然灵机一动，想出了一种更新颖的毛线衣的设计。接着，一个更大胆的念头涌进了她的脑中：为什么不利用父亲的商号开一家时装店，自己设计、制作和出售时装呢？可以先从毛线衣入手嘛！

于是，伊尔莎画了一张黑白蝴蝶花纹的毛线衣设计图，请维黛安太太先织一件。织好的毛衣漂亮极了，伊尔莎穿上这件毛线衣，参加了一个时装商人瞩目的午宴，结果纽约一家大商场的代表立即定购了40件这样的毛线衣，并要求两星期内交货。伊尔莎愉快地接受了。

然而，当伊尔莎站在维黛安太太面前时，维黛安太太的话让伊尔莎的愉快一下子消失得无影无踪了。"你要知道，编织这么一件毛线衣，我几乎要花上整整一星期的时间啊！"维黛尔太太说，"两星期要40件？这根本不可能。"

眼看胜利在望,此路又不通了!伊尔莎沮丧至极,垂头丧气地告辞了。走到半路上,她猛然止步,心想:必定另有出路。这种毛线衣虽然需要特殊技能,但可以肯定,在巴黎,一定还会有别的美国妇女懂得编织的。

伊尔莎连忙赶回维黛安太太家,向她说出了自己的想法。维黛安太太觉得有道理,并表示乐意协助。伊尔莎和维黛安太太好像侦探一样,调查了住在巴黎的每一位美国人。通过朋友们的辗转介绍,她们终于找到了20位懂得这种特殊针织法的美国妇女。

两个星期以后,40件毛线衣按时交货,从伊尔莎新开的时装店,装上了开往美国的货轮。此后,一条装满时装和香水的河流,从伊尔莎的时装店里源源不断地流出来了。

如果你有了目标,就要积极地实现它,努力尝试不同的方法。正所谓条条大路通罗马,这句谚语指人生目标的实现,不只有一条路可走。

第三章

选择吧！
就像从不曾彷徨过一样

1. 你的选择,决定你的命运

在第一次世界大战中,美国的大山和朝鲜的东尼被当作间谍被俘,而在那个国家被俘的人被抓住的时候就判其死刑,尽管这个判决是不被人接受的,那个将军也不是个以杀人为乐的人。

多年来将军一直坚持一个原则,那就是在执行枪决的时候,他都会给受俘者一次选择的机会,那就是由行刑队迅速枪决或者是碰运气去选择一道神秘的黑门。

死刑执行的前一刻，将军问他俩是选择怎样的死法？

首先站出来的是东尼，东尼站在黑门前犹豫了一下，想象出各种各样的惩罚手段，想得他不寒而栗，他放在黑门上的手落了下来，并对将军说道："你还是让他们开枪打死我吧！"几分钟后，随着枪声的消失，也预示着东尼已经被执行完毕。

轮到大山的时候，大山想横竖是死，虽然执行枪刑会让自己死得更快一点，但他还是想知道大门后面设置的到底是什么东西。

没等将军开口，大山便说道："我选择去面对黑门里的处罚。"

将军问大山："也许里边的死法会让你痛不欲生，给你三分钟时间，你还是考虑清楚，不要轻易地做出判断。"大山听后说道："我因做了错事被你们抓住，我死而无憾，还请求将军能满足我死前的愿望。"

将军笑着说道："那好，祝你好运！"

此时在场的所有人都为大山捏了一把汗，因为除了将军，他们谁也不知道黑门后面到底是什么样的惩罚。当大山鼓起勇气推开黑门的时候，摆在他面前的却是一条干净的大路。他不解地面向将军，"这是？"

"恭喜你，你获得自由了，希望你走出去后堂堂正正做一个好人。"大山听后喜悦得无以言表，他鞠躬谢过将军后就走远了。

此时的将军对着他的副将说道："大山的选择决定了他

再生的命运，很多人在对于未知的事物来说，他们都喜欢选择自己知道的，而不去探究黑门后的自由，在大山之前的那些人，即使给他们选择，他们还都是无一例外地选择死亡。"

大山和东尼的故事告诉我们，人的一生中要面临的十字路口有很多，每一条路的尽头都是我们未知的结果。所以，一定要根据自身的价值取向，选择正确的方向，勇敢地迈出自己的第一步，只有尝试了才能知道我们走的路是否正确。

2. 正确的选择让你与成功"握手"

婷婷出生在一个贫困的家庭，她家里的生计都是靠父亲挖煤所挣的工资来维持的。然而，天有不测风云，父亲在一次挖煤的过程中因塌方而远离人世，从此家里面就剩下了她与母亲相依为命。

家里的条件决定了婷婷再也不能上学的结果，婷婷离开了她心爱的高中课堂。她知道自己这一辈子再也逃脱不了面朝黄土背朝天的命运了，之前为自己规划的绚烂蓝图顷刻瓦解。

煤窑给了婷婷家里一些微薄的体恤金，婷婷握着手里的钱，哭了起来，想到父亲以生命换来的就是这么一点钱，她替父亲感到不值。于是,她就跟煤窑老板交涉,老板看她一个不到18岁的女孩,也就没把她放在眼里,满脸不屑地说道:"就是这么点,你不服气就去告我啊!"婷婷知道自己是遇到了无赖,只有通过自己的努力才能为父亲讨回公道。

于是,婷婷不顾母亲的反对,拉起母亲,拿着父亲用生命换来的微薄工资,踏上了去北京的道路,她不顾旅途劳累,直接奔向律师事务所,在律师听完婷婷的遭遇后,结合婷婷的家庭条件,决定帮助这个苦难的家庭免费打官司。

事实胜于雄辩,没费多大力气,婷婷就胜诉了,得到应有的赔偿。母亲对她说:"现在我们也得到了相应的补贴,明天就回家里去吧!"婷婷看到了律师的作为,她羡慕律师的工作,此时的她,下定决心要做个为民伸冤的律师。

婷婷不顾母亲的反对,她告诉母亲说,她不愿意回家种庄稼,她有着远大的理想,她一定会非常努力,通过自己的努力实现自己的理想。母亲知道婷婷的性格,也就没有阻拦。

在最短的时间内,婷婷报考了律师专业。在校期间,她是最刻苦的一个,因为她知道,此刻能改变自己命运的也就是学好知识,她要对得起自己的这次选择,要对得起父亲用生命换来的学费。

功夫不负有心人,婷婷凭着过硬的知识在一家律师事务所脱颖而出,刚上班一个月,她就打赢了好几场官司。面对日益见涨的工资和良好的名声,婷婷的人生将赢来第二个春天。

婷婷凭借自己的努力争取到了学习知识的机会,本应是种庄稼的她，因为果断的选择律师的专业，而成了一个有名声、有着丰厚待遇的律师。农民和律师是两个截然不同的人生，正是因为婷婷坚持自己的选择，才改变了自己的命运。

选择是一个人性格和智慧的综合，当你做出选择的时候，势必要放弃原先的人生轨迹。

提起潘石屹和他的现代城、长城脚下的公社，几乎无人不知，无人不晓，但是潘石屹的成功也不是从天上掉下来的。

1981年，潘石屹从北京培黎学校毕业，以第一名的优异成绩被石油学院录取。1984年潘石屹毕业后被分派到河北廊坊石油部管道局经济改革研究室工作。在那里，他的聪明和对数字天生的敏感博得了领导的赏识，并被确定为"第三梯队"。

有一次，办公室新分配来一位女大学生，她对分配给自己的桌椅十分挑剔。当潘石屹劝她凑合着用时，对方非常认真地说："小潘，你知道吗，这套桌椅可是要陪我一辈子的。"就是这不经意的一句话深深地触动了潘石屹：难道我这一生将与这套桌椅共同度过？正在思变的时候，他遇见了远在刚刚开放的深圳创业的一位老师。他决定改变自己的命运。

1987年，潘石屹变卖了自己所有的家当，毅然辞职，揣着80元钱去广东打工，后来去了海南，与朋友开公司，自己做老板，开始了经商生涯。凭借着个人努力，潘石屹迅速完成了原始资本的积累。

1993年,潘石屹在北京注册了北京万通实业股份有限公司,任法人代表兼总经理,开始了在北京房地产界的创新与创业,最终成为北京房地产业的一颗新星。

一个人可以靠选择来改变自己的命运。人的一生中充满了大大小小的选择,小到在餐馆点菜,大到选择人生信仰,选择不同,道路也会不同。正确的选择往往能够改变命运,但做出选择是需要勇气的, 选择后的人生等待自己的也许是成功,也许是失败,但只有敢于尝试,能直面失败,果断地做出抉择,才有机会和成功"握手"。

3. 学会选择的同时,也要学会放弃

有着"飞人"之称的刘翔在北京奥运会上却选择了退赛,他的这一举动赢得一些人的理解和同情之时,更多的是遭到国人的责骂。一些人认为刘翔是因为害怕失败而选择逃避;一些人则认为刘翔是在伪装伤病, 其实根本就没有伤病;一些人认为刘翔有他自己的苦衷等等。刘翔的这些支持派和反对派在北京奥运会举办的那段时间里,甚至在结束之后的很

长一段日子里，一直在对刘翔退赛一事不停地争论。但争论的结果似乎与刘翔无关，因为当时的刘翔已经同自己的教练孙海平踏上了去往美国的路。

到了2009年上海国际田径黄金大赛时，刘翔用自己的实际行动向人们宣告他回来了！热爱刘翔的人流下了激动的泪水，而"飞人"刘翔也双眼满是泪水。只有他自己知道，自己当初选择退赛到底是正确的，还是错误的，他人的评论都无法代替自己做出选择，只有自己最清楚自己。

青年作家韩寒也在自己的博客里发表文章声援刘翔退赛，他呼吁人们对刘翔应该理解和支持，而不是辱骂和反对。人生的每一个选择都很重要，如果当初刘翔选择了坚持比赛，也许就不会有现在刘翔的"完美复出"了。

刘翔当初选择退赛，肯定有他自己的苦衷与困难。不过，在人生的关键时刻，同时也是决定自己命运的时候，刘翔却顶着重大的压力，为了自己以后更好地发展，他毅然让自己选择了退赛。他自己明白，只有选择退赛，才是自己正确的选择，才更加有利于自己在以后的人生道路上越走越顺畅。

其实，人生的快乐与否都与自己的选择有很大的关系，当你从不同的方面看待自己的选择的时候你会发现，一些选择虽然不被大多数的人们所理解，但是对于自己来说，这些选择是正确的，是有利于自己的长远发展的。

有一个很有名的珠宝商人叫比舍，他有着丰富的航海经验，可以称得上是一位航海家了。一次，比舍带领着五百商人驾着一艘一艘的船入海采宝去了，他们乘风破浪，很快便到达了珠宝产地。等船靠岸后，客商们都十分兴奋地登岸寻宝。那里可真是一个宝地，一眼望去，遍地都是奇珍异宝……大伙儿顾不得太多，像一群饿狼一样，拼命地把珠宝搬运到船上。眼看着耀眼的珠宝将一艘艘船装满，然而，这些客商们似乎仍然没有一点想要停止的想法，而此时每艘船都在慢慢地向下沉……

比舍看到这样的情况，急忙大呼："注意！注意！船上的物品已经运载过重，请大家主动将自己超载的珠宝抛弃，否则会出危险的！"可是这话并没有能引起五百客商的注意，他们并没有停止手中的搬运工作，在他们看来，宁可与宝物一起死去，也不愿意丢下一粒珠子。

比舍眼看着船一点一点地向下沉，由于满载珠宝的船太重，一会儿可能就会沉入海底，到时候人财两空啊！在这危机的时刻，比舍毅然选择了牺牲自己船上的所有，将那些光闪闪的珠宝都投入了海里，驾驶着一艘空船跟着那些满载珠宝的船队离开了宝山。

没有多长时间，那些超载的船马上就被海水吞没了。如果不是比舍的船空着，将那五百客商护救出海，恐怕他们的命都没有了。当五百商人平安地站在比舍的船上时，才意识到他们刚才经历了一场生死劫。这时的他们才领悟：珠宝虽

选
择
吧
！
就
像
从
不
曾
彷
徨
过
一
样

第
三
章

然很贵重,但它也没有人的命贵重。虽然这些东西充满诱惑,但是在困难即将来临的时候,你必须毅然做出明智的选择,放弃一些身外之物,这样你才能让自己脱离危险。

俗话说:"人往高处走,水往低处流。"每一个人都希望自己生活得美好一点,但总是不能事事尽如人意。当你在追求一些东西的时候,也要学会放弃,要知道,有舍才会有得。同样,当你身处困难的境地时,必须要学会做出正确的选择,有些东西虽然很贵重,但在该放弃的时候也要放弃,只有这样,你才能保住自己的实力,为以后的发展奠定基础。

4. 遇事冷静,才能做出正确选择

传说叙拉古亥厄洛王让工匠做了一顶纯金王冠。金王冠做成后,样式很好看,而且重量恰好等于国王给工匠的金子的重量,但国王起了疑心,怀疑工匠偷去了若干金子,而掺入了银子和其他金属。国王命令阿基米德在丝毫不损坏金王冠的情况下,查明金王冠中是否掺入了其他金属以及掺入的重量。

阿基米德苦苦寻找解决这难题的办法,但没有什么进展。他太累了,决定去洗洗澡,放松放松。他来到浴室,打开进水管,躺进浴盆里。温热的水浸泡着他,好惬意。他享受着这舒适的宁静……安静中,他听到有哗哗的水声。他睁眼一看,发现浴盆里的水已经满到盆口,正在往外溢。他赶紧从浴盆里出来,看见水面已经低于盆口。他忽然领悟到一个极其重要的科学原理,欣喜若狂,连衣服都没穿好,就往皇宫跑去,大声喊着:"我找到啦! 我找到啦!"

他找到了两个原理:一是把物体浸在任何一种液体中,液体所排开的体积,等于物体所进入的体积;二是物体所受到的液体浮力,等于所排出的液体的重量。阿基米德将与金王冠等重的一块金子,一块银子和金王冠分别放在水中。金块排出的水量最少,银块排出的最多,金王冠在两者之间,这就证明了金王冠中一定掺入了其他金属。在事实面前,工匠只得低下了头。阿基米德发现的就是液体静力学的基本原理。

在这个故事里,我们看到阿基米德在身心完全放松的情况下,静静地独处,排除了身体内外的一切干扰,让思维在有意无意中自然游荡。这时,灵感产生了,以前理不清的事情,突然清晰地出现在面前。

这是一种独处静思的方式,即让大脑休息,从苦苦思索转为放松的、下意识的思索。它和静静地独处,安静地思考问题有所不同,但它们的共同点都是要保持心灵的平静、身体的放松。可坐、可躺,可在室内、可在郊外,总之要避开干扰,要消除紧张。

　　在平日，我们看到有人遇到烦心事时，常会说：对不起，我要一个人待一会儿。这样的人是聪明的，他会通过独处静思，使自己冷静下来，以一种新的平静的心态来重新看待所发生的一切。

　　我们也应该学会这一方法，再进一步，可以把它变成一种习惯。每天，最好是在晚上，或是清晨，抽出那么十几分钟、半个小时，找一个无人打搅的地方，静静地沉思冥想，或者干脆什么也不想，闭上双眼，深呼吸——吸气，吐气，再吸气，再吐气。当有杂念干扰我们的思想时，要轻轻地赶开它们，把注意力继续放在自己的呼吸上，一遍一遍重复做。这时候，我们心中的浮躁、焦虑、忧愁，就会慢慢地离去。

　　有这样一个故事：一天，一个人正在大街上行走，突然有人喊了一声："喂！你脚下好大一个金戒指！"这人低头一看，确实是一个金戒指，看起来大约值1000元。他捡了起来，喊话的人也走了过来，说："这戒指是我发现的，应该有我一份。"这人一想有道理，但一个戒指怎么分呢？

　　这时，喊话的人出了个主意这样吧，我给你200元钱，你把戒指给我？"这人一想，明明值1000元的戒指，一人一半应是500元，你想多分300元，天下哪有这样的好事？于是反问道："不行，这样做你愿意吗？"

　　喊话的人听了，犹豫了一会儿，说："好吧！也没别的办法了，你给我加200元钱，戒指就是你的了。"

这人一阵窃喜，照办了。回家后冷静一想，才发现事情有些蹊跷。请人一鉴定，戒指是假的，一文不值。为什么这人会上当受骗呢？因为他当时没有冷静地去想问题。

为什么他不能冷静呢？因为他心里不空，他一看见金戒指后，内心的欲望就燃烧起来了：要得到这个戒指，他心中有了这样的想法，就不冷静了，对事情的来龙去脉也就不去思考了，于是，他就上当受骗了。

几乎所有的骗子和骗术都是在利用人们不能冷静的心态。因为只有这时，人们才不会去审时度势，才不可能发现事实的真相，他们的骗术才会成功。

天竺高僧菩提达摩，在中国南朝梁代时，漂洋过海来到中国传授禅学。他来到中岳嵩山少林寺，寺中老僧对他并不热情，达摩便在寺后山上找到一个天然石洞。在蒲团上坐定，开始面壁修习禅定，这一修炼就是九年。因面壁时间久长，达摩的身形竟映入石中，留下了"面壁石"的奇观。

起初少林僧众对达摩面壁，都抱着看热闹的态度，洞口终日人声喧哗，但达摩我行我素，并不受影响。九年过去，少林僧众都成了达摩的信徒，达摩由此成为中国禅宗初祖。

达摩面壁，是要使自己抵御住外界的诱惑，保持内心的纯净，"心如墙壁"，从物欲的困扰中解脱出来。静坐修炼，成为禅宗的一项重要修身方法。

日本卡通片中的一休小和尚，每次遇到难题，都要独自坐在树下，以手指按头，静坐一会儿，经过这样的思索，便能找到问题的答案。

很多科学家也有独自沉思的习惯，伟大的发现和发明往往在这时候诞生。据说万有引力定律的发现，就是牛顿独自一人在苹果树下沉思时，一个偶然掉下的苹果，触发了他的灵感。

由此可见，一个人的心态只有达到了空与静的状态，才能"不以物喜，不以己悲"，也不会因一时失意就大为沮丧，也不因一时成功就得意忘形。拥有了这样的心态，无疑也就拥有了一切。然而，这样的人却寥寥无几。

在现实生活中，我们会发现一些人之所以不能够成功，并不是由于其智商不高，而恰恰就在于他们的内心不能够达到"空"与"静"的状态，从而阻碍了他们做出正确的选择。

如果一个人心浮气躁，他就看不清事物的本来面目，就会主观行事，一错再错；如果一个人心平气和，他就能认清事物的本来面目，就能够万事得理，一顺百顺。

所以，凡事一定要保持冷静，才能作出理性而明智的选择。

5. 扬长避短，选择最擅长的职业

经营自己的长处能给你的人生增值，经营自己的短处会使你的人生贬值，"宝贝放错了地方便是废物"就是这个意思。去做自己能够胜任的最能实现自己价值的工作吧。

从电视剧《三国演义》到《雍正王朝》再到《长征》，唐国强在观众心目中的分量越来越重。2001年，凭借在《长征》中的出色表演，唐国强获得了"美菱杯"观众最喜爱的中央电视台黄金时间电视剧演员金奖，使他的演艺事业达到了又一个顶峰。

《孔雀公主》中那位英俊多情的王子曾给唐国强带去了一顶"奶油小生"的帽子。回想往事，唐国强说自己当时很委屈，因为之前他曾一气儿扮演过4个军人，以至于要拍《孔雀公主》时，人们不相信他能演好其中的王子，说他身上"兵"气太重。不料演完后却得了一个"奶油小生"的称号，当时真的很苦恼，觉得无所适从。

1984年后唐国强沉静了一段时间，他一边上学一边用很多时间来思索，也许因为演戏需要更多的是一种感性的东西，他感觉自己经常处于一种漂浮状态中。

能在有着100多万张选票的"美菱杯"中夺得金奖，被广大观众所喜爱，唐国强在高兴之余头脑却很清醒。他说："被观众熟悉、喜爱也不全是好事，因为观众接受了你的一个角色后，要想改变就不容易了。当年我演诸葛亮之前，就是一片反对声，后来要演雍正时也不被人认同，《雍正王朝》播出后反响不错，但要演毛泽东时又特别不被看好。因此，每接一个新角色时都得有一股闯劲，像闯关一样，闯过去了便突破了旧的模式，有了一番新天地。"

有观众问唐国强有没有信心演好《贫嘴张大民的幸福生活》中的张大民时，他毫不犹豫地回答自己演不了，并说还有一些角色也演不了，比如说鲁智深等。正如其所说，因为每个演员由于外型、气质等天生的原因，都有一定的局限性，虽然大家都在尝试突破自己，但并不是任何角色都能够胜任的。聪明的演员懂得去扬长避短。

每个人都是一块未经雕琢的宝石，上帝派遣我们到人间来雕琢自己，让自己更闪亮。

兔子是长跑冠军，可是有一次被狼追至河边，因不会游泳差点丧命。动物管理学院为了学生全面发展，将兔子送到了游泳培训班，同班的还有松鼠、青蛙等。兔子很努力地学习游泳，可是很长时间过去了，它还是没有学会，看着青蛙它们都学得很好，兔子非常苦恼。于是它找到了野鸭老师。老师笑着说："你的特长是奔跑，为什么不发挥你的特长，努力做出一番事业来呢？"老师的话给了兔子很大启发，它回去更加努力地练习奔跑，成了最出色的跑步健将，狼再也追不上它了。

扬长避短，这是人生的大智慧。鹰击长空，鱼翔浅底，万类霜天竞自由。万物和人都在发扬自己的特长来适应自然，适应优胜劣汰的社会。若一味追求全面发展，无一精通，那无异于邯郸学步，最终将丢掉自己的本性，这是缘木求鱼，会徒劳无功的。

很多人往往对自己充满信心，相信自己可以做好一切事情，因此往往会忽略自己的缺点。而事实上，没有人是万能的，总会有你能力不及的地方。尺有所短，寸有所长，每个人都有自己的优点和缺点，我们所应该做的，就是扬长而避短。

凡成就大事业的人，并不一定比常人更聪明，他们的秘诀在于能够清楚地认识自己的长处，进而在日常行事中充分利用自己有限的智慧。

实际上，绝大多数人往往没有将自己的才干用在自己最擅长的工作上，而是用错了地方。这就是他们本可以成绩斐然，实际却一事无成或业绩平平的原因所在。

每年7月都要有一大批"新人"跨出校门，踏入自己理想中的职业舞台。初入社会的他们，几乎都非常自信，无论在哪方面都不希望比别人差，往往表现出一种全知全能的状态，丝毫不肯暴露自己的弱点。但理想与现实有很大差距，盲目的自信很容易使自己迷失，不知道自己的弱点所在，也不知道自己真正的优点在哪里。由于无法认清自己、正确评价自己，对自己人生的规划往往会偏离最有利于取得成功的方向，从而阻碍了自己的成功。所以，认清自己真正的才能和优势，对于成功而言是非常重要的。

有这样一位求职者，计算机专业毕业，在校成绩中上等，毕业后本已找到了一份与专业相匹配的，收入也不错的工作，但由于看见比自己学历低的朋友在做房产销售工作，生意红火，收入不菲，他眼红了，认为自己也行，肯定会比朋友做得更好。冲动之下，放弃了到手的工作，转向了销售岗位，但不久由于性格内向，加上行业的不景气，被公司辞退，至今失业在家。

当今时代，更新变化速度极快，就业市场更是随时都在变化。过去的种种迹象显示随着社会的发展，每年都有一些旧的行业在不断消失，一些新的行业在不断产生。最近几年，由于产业调整和社会转型等因素影响，就业市场冒出了一些新兴的行业，如投资理财顾问，色彩搭配师，公共关系顾问等等，也吸引了大量的就业人口。但是，不管新兴职业如何热门，我们在选择职业时还是要把握"做自己最擅长的事"的原则，撇开了自己最擅长的工作，无异于抛弃了自己最重要的竞争优势；将精力投入到自己不擅长的工作上，用自己的短处与别人的长处去竞争，明显是以卵击石，失败是必然的结果。

人生的诀窍就是经营自己的长处。在人生的坐标里，一个人如果站错了位置，用他的短处而不是长处来谋生的话，那是非常可怕的，他可能会在永久的卑微和失意中沉沦。

因此，对一技之长保持兴趣相当重要，即使它不怎么高雅入流，也可能是你改变命运的一大财富。在选择职业时同样也是这个道理，你无须考虑这个职业能给你带来多少钱，能不能使你成名，你应该选择最能使你全力以赴的职业，应该选择最能使你的长处得到充分发挥的职业。

6. 选择适合的，而非最爱的

很多时候，人们都会傻傻地想，如果林妹妹欢天喜地嫁给了宝哥哥，或者梁山伯真的如愿以偿地娶了祝英台，他们会不会永远幸福下去？为什么童话里讲到王子和灰姑娘从此幸福地生活在一起后，故事戛然而止，没了下文？

别人给你介绍对象，首要条件就是看看你们两个是不是门当户对，是不是才貌般配。在老辈人看来，结婚是两个人在一起过一辈子的日子，只有两个合适的人，才不会有那么多的磕磕碰碰，吵吵闹闹，才能开开心心，天长地久，白头到老。

"如果觉得合适就结婚吧"，这是无数母亲面对女儿的终身大事时的态度。她没有说爱，而说合适，不是因为"爱"这个字眼她说不出口，而是在潜意识里，经历了漫长婚姻生活的母亲们，看重的不再是爱，而是合适。

看看周围的现实生活中，相依为命，牵手到老的平凡夫妻比比皆是，爱到生死相许的两个人反而因各种各样的原因难成眷属，难以白头。这到底是为什么呢？

只能说，爱得死去活来，惊天动地的恋人并不适合做夫妻，他们的婚姻比普通人存在更大的风险。因为爱得越深，对方就越会成为你目光的焦点，你无时无刻不在关注着他的一言一行。有时沾沾自喜，有时患得患失，一旦有什么不能做到尽如你意，没有给你预期的回报，你就会失落、就会埋怨，"我对他付出了那么多，为什么他总是视而不见，无动于衷？"

这是很多恋人和夫妻间的问题，因为太爱，就不能用平常心来看待。搞得自己疲惫不堪，也把对方打入了痛苦的深渊。太多的爱，累了自己，伤了别人，得不偿失，最后爱情在琐碎生活的磨砺中消失殆尽，有情人落得分道扬镳的伤感结局。

婚姻里，要的就是合适。所谓合适，代表的是一种比较舒适的状态。两个人在一起轻松快乐，没有压力，才可以保持永远的活力和热情，太多的牵扯会消耗过多的心力，让爱情在凡俗日子里迅速衰老，直到死亡，直至尸骨无存。

很可能因了舒适，便产生习惯，因了习惯，而造就平淡。没有了三天一吵，两天一闹，也就没有了刻骨铭心的爱与恨。

所以就有了更多的宽容和谅解,更加相濡以沫,恩恩爱爱。

一生的日子,要两个人一天天地过下去,爱情是玫瑰,只适合锦上添花。现实是多么的残忍,生活的苦和累,柴米油盐的琐碎,会把爱情所有的光芒暗淡,让爱情的花朵枯萎凋落。等到风景都看透,我们要找的只是一个能陪你看细水长流,把你当成手心里宝贝的爱人。

决定嫁(娶)一个人,只需一时的勇气;守护一场婚姻,却需要一辈子的倾尽全力。因为,爱情可以高雅到不食人间烟火,就如琼瑶书上写的:只要两情相悦,无灯无月何妨;而婚姻,却要脚踏实地,苦乐与共地和爱人携手走完一生的日子。

有时候,婚姻的缘起,除了爱情,或许还有最现实不过的相依为命。你最后选定了要一起走下去,并真的在同行的过程中相扶相持、白头偕老的那个人,未必是这世上最好、最优秀的那个人,却一定是这世上最适合你的那个人。

什么样的恋爱对象才是最适合自己的? 心理学家发现,很少有年轻人会认真、深入地思考这个问题,他们基本上是跟着感觉走,对方漂亮、身材好,看着赏心悦目,与朋友聚会时"拿得出手",就足够了。至于对方的品质、修养却很少考虑。然而,这样做的结果,却往往是给自己未来的婚姻生活带来无尽的麻烦。

你有没有注意过这样的婚姻现象:

一个看上去极帅的丈夫身边,却走着一位相貌平平的妻子;美丽的窈窕淑女,却偎在一个武大郎似的丈夫身边;

精明能干的女经理，嫁给了老实巴交的小学教师；才华横溢的男作家，终身与一个普通女工为伴……

这样的婚姻组合已有些令人吃惊，但最令人吃惊的是，那些看上去似乎不般配的丈夫或妻子，却充满着幸福的感觉。

全部的奥秘就在于，他们有这样的一种心态，也许我不是最好的，但，我是最适合你的。

"最适合你的"这份自信，使他们心情宁静地生活在自己的婚姻里。

你有这份自信吗？当你面对自己的意中人，是否能够把握十足地说出"我是最适合你的"？

每个人都希望自己的情侣是最适合自己的。纵使你是仙女下凡，但他若是自视消受不起，也只会对你敬而远之。成熟的人不是寻找最好的异性作为情侣，而是会努力去寻找最适合自己的。

了解自己对情侣的适合性，会使你产生一种超越自身的优越感。有好心人曾劝一位男友去根治一下他的秃发，他不以为然地摸着自己的脑袋说："说不定哪个好姑娘就喜欢秃顶男人呢！"想想看，当他确知自己的情侣期待的是一个相貌平常但心地善良的姑娘时，他还会担心自己的容貌吗？

与此同时，了解情侣对自己的适合性，也可使你及早从沉迷中苏醒，从而避免一个不幸婚姻的产生。

一位男子曾经十分迷恋一位女电影演员，他们有过一段甜蜜的时光。渐渐地，这男子对他们的感情产生了不安心理，因为女友常常需要到外地去拍电影，而他无法忍受家常便饭式的分离。他们之间没有任何不信任，只是对女友的职业不满意。可他知道，女友太爱拍电影，不愿让她为此牺牲自己的事业。这男子考虑再三，决定和女演员理智分手。他说："我需要的是一位时刻与我厮守的妻子，而她却很难做到这一点。即使她为了我们之间的感情勉强离开银幕，我俩今后也未必幸福，那会使我时常有一种有负于她的歉疚感。"

这样的情况很具打击性，也许你是一个好女人，却不适合当他的妻子；也许你是一个不错的男人，却不适合当她的丈夫。

生活中不乏这样的实例，两个优秀绝伦的男女却组成了一个伤心的家庭，一对平平常常的异性却能拥有一桩幸福的婚姻。

我们只有在适合于自己的异性身边才会感到心绪宁静，才会得到自我价值的肯定。事实上，我们大多数人都过多地注意了两人的相似，而忽略了两人的互补。一个爱发表见解的人，最得意的不是跟一个同样爱发表见解的人谈话，而是跟一个专心倾听的人谈话。那么，为什么不去找一个专心倾听的人做伴？这人会一辈子做你忠实的听众，让你觉得自己重要。相反，如果找了同样爱发表见解的人，早晚有一天，彼此会各不相让地争吵不休。

情侣双方交往的最佳境界，是各自保持自我的完整。现在的问题是，怎样才能使你从一踏上爱的小船时起，就不失去自我？办法只有一个，选一个能与你互补的最适合你的异性，真心地去爱这个人，而对其他异性敬而远之。

世界上的好男人和好女人何其多？但是，只有真正适合自己的才是最好的！

7. 你有权选择成功，也有权选择平庸

一个人的手中既握着失败的种子，又握着迈向成功的潜能。你有权选择成功，也有权选择平庸，没有任何人或任何事能强迫你，关键在于你的选择。

有人说："我们老得太快，却聪明得太迟。"人生漫长而又短暂，能够决定一个人一生命运的，其实只是那么几步而已，而且是在一个人年轻的时候。当我们不会选择的时候面临选择，并且有多种选择，而当我们满腹经纶有能力选择的时候，其实你已经没有多少可以选择的机会了。

回首往事，人总是免不了有许多懊悔，发出"如果有来生，我……"的感叹。这个时候，你抱怨的其实并不是命运，而是你当初的选择。假如你当初是另一种选择，也许你还会对

现状不满、感觉不尽如人意，但是，至少是另一种人生吧：人生是一张单程车票，可以回头的机会寥寥无几，在你匆匆的步履中，一些不起眼、不经意的选择就决定了你今天的命运。人的一生，选择很重要。你是要选择好的生活还是不好的生活，全凭你的刹那决定，而这个决定，可大可小。切记，慎之再慎！

有一个美国人，平常很爱喝酒，毒瘾也很重，脾气也非常的暴躁，他就是因为看不惯一个酒吧的服务生就把人给杀了，然后被判终身监禁。同时，这个美国人有两个儿子，年龄相差只有一岁，老大跟他的老爸一样，毒瘾也很重，靠抢劫和偷窃为生，最后判终身监禁；老二就不一样了，家庭非常幸福美满，有漂亮的妻子和三四个孩子，是一家跨国公司分公司的老总。同一个老爸，两个不同的儿子，记者觉得很奇怪，去采访的时候问："为什么会这样？"答案很奇怪，很令人惊讶，两个人的回答完全一样："有这样的爸爸，我还有什么办法？"

选择生存是每一种生物体所具有的本能，连埋在地里的种子也存在这样的力量。正是这种力量激发它破土而出，推动它向上生长，并向世界展示自己的美丽与芬芳。这种激励也存在于人们的体内，它推动一个人来完善自我，以追求完美的人生。一旦你有幸接受了这种伟大推动力的引导和驱使，你的人生就会成长、开花、结果。反之，如果你无视这种力量的存在，或者只是偶尔接受这种力量的引导，就只能使自己变得微不足道,不会取得任何成就。这种内在的推动力从不允许人们停息,它总是激励着一个人为了更加美好的明天而努力。

在众多的人生选择面前,当你无能为力时就不要去浪费时间,而要将更多的精力放在你可以改变的事情上。让青春学会选择,让选择打造成功,让成功引领人生! 选择很重要!

有人说:态度,决定了你的一生。是的,要选择走什么样的路,完全在于你自己,别人或许只能给你一个意见或是方向,但是决定最终要往哪里走的,还是你自己!

在大学里,期中考试后的一天,班里的一个同学因为各门功课都考得一塌糊涂,所以忧心忡忡,在哲学课上无精打采。他的异常引起了哲学教授的注意,教授拿起一张纸扔到地上,请他回答:这张纸有几种命运?

那位同学一时愣住,好一会儿,他才回答:"扔到地上就变成了一张废纸,这就是它的命运。"教授显然并不满意他的回答。教授又当着大家的面在那张纸上踩了几脚,接着,教授又捡起那张纸,把它撕成两半扔在地上,然后心平气和地请那位同学再一次回答同样的问题。那位同学也被弄糊涂了,他红着脸回答:"这下纯粹变成了一张废纸。"

教授不动声色地捡起撕成两半的纸,很快,就在上面画了一匹奔腾的骏马,而刚才踩下的脚印恰到好处地变成了骏马蹄下的原野。教授举起画问那位同学:"现在,请你回答这张纸的命运是什么？"那位同学的脸色明朗起来，干脆利落地回答："您给一张废纸赋予希望，使它有了价值。"教授脸上露出一丝笑容。很快，他又掏出打火机，点燃了那张画，一眨眼的工夫，这张纸变成了灰烬。

最后教授说："大家都看见了吧，起初并不起眼的一张纸片，我们以消极的态度去看待它，就会使它变得一文不值；我们再使纸片遭受更多的厄运，它的价值就会更小；如果我们放弃希望使它彻底毁灭，很显然，它就根本不可能有什么美感和价值了。但如果我们以积极的心态对待它，给它一些希望和力量，纸片就会起死回生。一张纸片是这样，一个人也一样啊。"

一张纸片可以变成废纸扔在地上，被我们踩来踩去，也可以作画写字，更可以折成纸飞机，飞得很高很高，让我们仰望。一张纸片尚且有多种命运，更何况人类呢？命运如同掌纹，弯弯曲曲，然而无论它怎样变化，永远都掌握在自己的手中。

每个人的前途与命运，都把握在自己的手中，升学也罢，就业也好，工作或创业都是如此。一个人只要奋发努力，就会取得成功。一位伟大的哲人说："人生就是一连串的抉择，每个人的前途与命运，完全把握在自己手中，只要努力，终会有成。"

第四章

冒险吧！
就像从不曾害怕过一样

1. 每一天都面临冒险

自有文字记载以来，冒险总是和人类紧紧相连。虽然火山喷发时所产生的大量火山灰掩埋了整个城镇，虽然肆虐的洪水冲走了房屋和财产，但人们仍然愿意回去重建家园，继续生活。飓风、地震、台风、泥石流等自然灾害都无法阻止人类一次又一次勇敢地面对可能需要重建的危险。

当我们横穿马路的时候，实际上总是有被车撞到的危险；当我们在海里游泳的时候，也同样有着被卷入逆流或激浪的危险。尽管统计数字表明，坐飞机比乘汽车要安全一些，但我们的每一次飞行仍然包含着冒险，毕竟我们依赖于飞机牢固的构造及其良好的性能；如果不是由自己驾驶的话，我们还必须寄希望于飞行员和整个机组。总之，任何地方的旅行都潜藏着冒险，小到丢失自己的行李，大到作为人质，被劫持到世界上某个偏僻的角落。

事实上，我们总是处于这样那样的冒险境地，因为我们别无选择。我们必须横穿马路才能走到另一边去；我们也必须依靠汽车、飞机或轮船之类的交通工具，才能从一个地方到达另一个地方。

每个人在每一天都面临冒险，除非我们永远扎根在一个点上原地不动。的确，当冒险的结果不太令人满意的时候，总有人会说："还是躺在床上保险。"很多人从来不愿去冒险，似乎习惯于"躺在床上"过一辈子。

"千万要小心谨慎从事"，许多人都是在这样一种敦促、提醒、告诫的语言环境中一点点长大成熟的。正因为周围环境时时刻刻存在着这样的善意提醒，使得一般人很难挣脱原有束缚去冒一把险。

许多人从不考虑当一个为自己打工的业主，因为那"太冒风险了"。接受大公司的职位是他们所有人的选择，似乎其中不存在某天被解雇的风险。许多人一心只想着"干活——拿工资——花钱"，要公司"关心"他们的生活，这就是理想的低风险的工作。但是，他们错误地估计了这门职业，有朝一日,大多数人会从他们的职位上消失掉。

工作和生活永远是变化无穷的,我们每天都可能面临改变,新的产品和新的服务不断上市,新科技不断被引进、新的任务被交付,新的同事、新的老板……这些改变也许微小,也许剧烈,但每一次的改变,都需要我们调整心情,重新适应。

面对改变,意味着对某些旧习惯和老状态的挑战,如果你紧守着过去的行为和思考模式,并且相信"我就是这个样子",那么,尝试新事物就会威胁到你的安全感。

如果你根本没有仔细想过去冒险,那你就只能待在原地,安于现状,既不能后退,也不前进。你的日子很可能过得呆板、懒散。

我们既然有成为成功富人的欲望,却又不敢冒险,怎么能够实现伟大的目标?险中有夷,危中有利,要想有卓越的成果,就要敢冒风险。

划时代的探险行为不是时时发生的,也不是每一个探险家都会碰到的机遇。冒险精神不是探险行动,但探险家的行动必须拥有足够的冒险精神。没有这一点,成功就与你无缘。

谁都知道螃蟹美味可口,然而,第一个吃螃蟹的人一定是带着冒险精神去尝试的。在商业竞争中,有远见的人总是采取开拓型的经营决策,争取主动,获得比竞争者领先的优势,从而出奇制胜。

戴维·托马斯是温迪国际公司创始人,他在世界各地拥有4300多家快餐店。他这样回忆自己的童年：

12岁时，我们全家迁到田纳西州的诺克思维尔。我设法使一位餐厅老板相信我已16岁，他才雇用我作便餐柜台的招待，每小时25美分。这是我的第一份工作。

餐馆老板弗兰克和乔治·雷杰斯兄弟是希腊移民，刚来美国时，他们曾干过洗盘子和卖热狗的工作。他们极为坚强，并为自己定下了非常高的标准，但从来不要求雇员做他们自己做不到的事情。

弗兰克曾告诉我说："孩子，只要你愿意努力尝试，你就能为我工作；如果你不努力尝试，你就不能为我工作。"

他所说的努力尝试包括从努力工作到礼貌待客等一切内容。当时通常的小费是一个10美分的硬币，但由于我能很快把饭菜送给顾客并服务周到，有时就能得到25美分小费。我记得曾经尝试统计自己一个晚上能接待多少客人，结果创下了100位的纪录。通过第一份工作，我认识到：只要你努力工作努力尝试，你就会成功。

第一个做的是天才，第二个做的是庸才，第三个以后做的便是蠢才。你寻宝的金矿也许已被别人开采了八九次，现在你还在辛苦地加以再开采。眼光独到的经营者都明白这样一个道理：在一个尚未有人注意到的领域里，或许应该说，一个尚未有人敢在生意上打主意的领域创出赚钱的机会，要比在前面的金矿寻宝容易得多。

只有别人还没有发现而你却发现的机会才是黄金机会，尽管这样做冒险，但不冒险就不会赢，只要有50%的希望就值得冒险。

也许第一次尝试，会消除你一往无前的勇气与一马当先的锐气，也会扼杀坚持顽强的韧劲与不怠不懈的干劲。但是，碰了一次小小的"壁"，决不应该放弃，而应该一次次地继续实践、不断尝试，只要付出努力，最终会到达成功的彼岸。许多时候，我们失败的真正原因在于：没有去"再试一次"。正是缺乏"再尝试一下"的努力，使得我们与唾手可得的机遇失之交臂。

2. 过于安逸会失去斗志

马化腾在参加首届"广东省全国名牌颁奖典礼暨百年粤商·时空对话论坛"时候发表"宣言"："坐票太安逸了，这会让人失去斗志、失去激情，我愿意全程站着，保持站着的姿势！"

生活中，有很多人生活悠哉，陶醉于安逸之中，逐渐变得懒惰。他们觉得努力工作并非当前的主要任务，因为生活已经足够好了，没有必要有更大的志向，这种心态是取得成就的最大障碍。归根结底，是安逸的生活毁了他们的未来。

安瑞姆进入公司后，觉得工作已经有了保障，便选择了安逸的生活，工作不思进取。无疑，他成为了公司里业绩最差的销售员。当公司里传出裁员的消息时，几乎所有人都认定了安瑞姆肯定会成为第一个被裁掉的员工。

安瑞姆步履蹒跚地回到家里，默默地想：我真的会被裁掉吗？如果真的没有了这份工作，那么我的妻子与孩子吃什么呢？那样的生活太恐怖了，我绝对不能被裁掉！而后，安瑞姆仔细分析了自己业绩最差的原因，终于揪出了"安逸"这个最大的敌人。他坚定地告诉自己："我要相信自己，我一定不会失去这份工作，过去的安逸让我失去了斗志，而现在我要重新将斗志点燃！"

他重新剪了利落的发型，精神百倍地投入了工作中间。他的销售业绩逐渐提高，打破了被裁员的预言。一年后，他在公司的业绩竟然从排名最后跻身到前几名。两年后，他成为了销售部门业绩最佳的推销员。

年度大会上，董事长让安瑞姆讲讲自己成功的秘密时，安瑞姆说："我的改变要归功于那个裁员预言，当时，我意识到自己已经陷入了困境，我特别害怕，于是下决心改变。就是那个危机，让我成就了今天的自己。"

孟子说："生于忧患，死于安乐。"对于在工作上享受安乐的人们，有一句流传非常广的话："今天工作不努力，明天努力找工作。"

心理学家指出，每个人的潜能都是无限的。是"安逸"阻碍了人们潜能的发挥。人本身有很多缺点，安逸的生活让这些缺点肆无忌惮地表现出来。当我们不愁衣食，就不会奋斗，懒惰滋生；当我们没有生活的压力，就不会思考，脑力就会变得迟钝……综观胡润富豪榜中的富豪名单，几乎没有富二代，全都是从贫苦阶段一点一滴奋斗起来的。

安逸是人们最大的敌人，没有危机就会迎来杀机。一个人要想保持斗志，就要不断给自己压力，让自己从安逸的状态中解脱出来。

彼得·巴菲特并没有为笼罩在父亲的光环之下感到困扰。在很多人眼中，作为"股神之子"，彼得的人生起点确实跟别人不同，他没有谋生的压力，更加容易投身于自己的梦想中。然而，彼得却并不这么认为，因为他放弃了安逸的生活，选择了一条自己从头奋斗的道路。

他说："离开大学校园后，我也必须去谋生，比如我要为电台的商业广告谱曲。刚开始自己的职业生涯时，我只有很小一笔钱。那时，我必须想尽办法过一种完全独立的生活，不仅要还房贷，还有音乐设备等贷款要还，不过我认为这是人生必经的历练。"彼得的"股神"老爸也说："彼得的人生全凭他自己打造。"

彼得·巴菲特无疑是世界上"最有名的富二代"，他的父亲也不打算把巨额财产留给他，他也保持了自己的斗志，他说："如果'富二代'不理解自己的幸运所在，也不想因此而回报这个世界，这对他个人和世界而言，都是一种悲哀。同样，如果'富二代'只关注外在的幸福——高档车、豪宅、巨额财富，他们将无法理解真正的自我价值所在，也无法以有意义的方式，给世界留下光辉的一笔。"

在彼得·巴菲特的脸上，人们根本看不见出身富贵的自豪。他和普通的追梦人并没有什么不同：表情中充满自信，凭借着自己的热情和不懈的努力，一步一步地实现自己的人生规划！

像彼得·巴菲特这样把自己从安逸中解脱出来的富二代极其少数，但恰恰因为这样，他才取得了自己的成就。通过自己的努力，他成为了一名作曲家和音乐人。他曾为奥斯卡获奖影片《与狼共舞》配插曲，后来又争取到为电视连续短剧《500国家》配乐的机会，并因此获得了艾美奖。

安逸让人丧失斗志，没有危机意识是最大的危机。很多人都拥有梦想，然而在实现梦想的时候，先为自己想好了退路，好像这个梦想实现不实现都一样，反正自己还有退路。这种心态注定无法取得成功，走出安逸，切断自己的退路，才能逼自己的潜能发挥出来，一鼓作气，最后便能成功。

3. 机遇从来不会主动上门

一些人错把运气当成机遇,结果选择了"守株待兔",苦苦等待机遇的到来:等待创业的机会,等待出国的机会,等待投资的机会,等待买房的机会……结果,预料中的机会并没有如约而至。

在美国一家大型公司,一次座谈会上董事长发言时,让每一位参加的员工都站起来,看自己的椅子。结果,每个人都在自己的椅子下发现美钞,最少是1美元,而最多的有100美元。各位员工都很惊讶,董事长只说了一句话:"我只想告诉你们,坐着不动是永远得不到钱的!"机会要靠你自己去寻找,去把握,而不是等待别人送到你手心。

默巴克在闲暇的时候,总是在学生公寓的各个地方打扫,墙角、沙发下面、床铺下面他都清理得很干净,而且还在下面扫到了许多沾满灰尘的硬币,有1美分的,2美分的,还有5美分的,最后居然有很大的一堆。

当默巴克将这些硬币还给宿舍的那些同学时,并没有人表现出对这些硬币的热情。他们根本就不屑一顾,他们对默巴克说:"这些硬币送给你了。"

一个月后,当他把积攒起来的硬币数了一下后,发现这些自己捡回来的硬币竟然有500美元。他通过收集硬币资料得知：国家每年有105亿美元的硬币被大家扔在各个角落里面安静地睡大觉。看到这个数字，默巴克想，如果能有效的利用这些硬币，那么这将是一笔巨大的财富。这样既能解决人们为手中硬币的出路而烦恼，又能为自己带来可观的利润，这是一举两得的好事。

大学毕业后，默巴克选择了自己创业，成立了"硬币之星"公司。他花了几千美元购置了一些自动换币机，安装在各个大型超市内。机器每分钟可以数出600枚硬币，顾客也不需要等待。顾客只需将手中的硬币投进机器内，机器就会转动点数，最后打出一张收条，写出硬币的价格，顾客凭收条到超市服务台去领取现金。自动换币机要收取约9%的手续费，所得利润与超市按比例分成。

"硬币之星"大获成功，颇受人们的喜爱。仅仅五年时间，"硬币之星"公司便在全美8900家主要超市连锁店，设立了10800个自动换币机，并成为纳斯达克的上市公司。这个业务迅速让穷小子默巴克成了令人瞩目的亿万富翁，人们都称默巴克是"硬币兑出来的大富翁"。

机遇对于一个人或者一个企业来说不可谓不重要；机遇不是公共汽车，不是站在那里，它就会来，而是要你自己主动去发现，去寻找，并认定这就是机遇。日本著名企业家松下幸之助说："现在的经营者，必须有发现机遇的眼光，不断创造新的经营方式,来领先时代。"

对于机遇来说最重要的就是发现。善于发现机遇就意味着永远将机会和主动权掌握在了自己手里,这比任何人的帮助都要重要，也是一个想把生意做大的企业家必备的要素。正如马云在2013年辞去自己经营了多年的阿里巴巴的CEO一样,他又发现了物流这一块尚未开发的宝地,马云用自己的眼光又一次走在了别人的前面。可以说,马云若是没有敏锐的眼光是做不到今天这个地步的。

1973年，年仅15岁的格林伍德收到了自己的圣诞礼物——一双冰鞋。拿到这件礼物后,格林伍德马上就跑出屋子,到离家很近的结了冰的河面上去溜冰。

可是,天气非常寒冷,溜冰的时候,他的耳朵被风吹得像刀子割似的发疼。他戴上了皮帽子,把头和腮帮子都捂得严严实实,可是时间一长,他直冒热汗。格林伍德想,应该做一件能专门捂住耳朵的东西。回家后请妈妈照他的意思做。妈妈摆弄了半天,给他缝了一双棉耳套。

格林伍德戴上棉耳套去溜冰时,果然很起保暖作用。一些朋友看见,都向他要。格林伍德和妈妈商量了以后,把祖母请来,一起做耳套。经过几次修改,耳套做得更适用、更美观了。格林伍德把它叫做"绿林好汉式耳套",并且向美国专利局申请了专利。

格林伍德后来成为了世界耳套生产厂的总裁,因为这项专利，他成为了千万富翁。

有心人在一行一动中就能发现机会。生活中司空见惯的东西，换个角度去考虑，往往就会发现其中隐藏了许多"金子"。机遇是那样广泛地存在，它又是那样的公平与客观。当我们失去机遇时，我们不能怪别人，只能怪自己；而更多的时候，我们失去了机会，自己根本就没有意识到。

犹太人有句古老的谚语："财富就在一码之内。"但尽管如此，机遇也从来不会投怀送抱，要学会培养一种敏锐的眼光，用这种眼光去发现机遇。这种眼光可以让我们在纷乱嘈杂的环境中看到最本质、最便捷的地方；可以让我们在别人没有见到或者见到了并没有在意的时候，意识到事情本身的价值。

4. 再不疯狂我们就老了

越来越多的年轻人为了梦想而离家远行，北上南下，寻找人生方向，于是有了"北漂"，有了"港漂"。每一个漂泊者，都有自己的故事，或充满荣光，或饱含辛酸，或平平淡淡。但无论结局如何，他们都很少后悔自己的选择。

天天宅在家里打游戏上网聊天，或者守着一份撑不着饿不死的工作享受安逸，不如趁年轻出去闯一闯。人生最痛苦的就是后悔当年不曾为了梦想而勇敢的闯荡，最遗憾的便是不曾为了未来注满热血，放手一搏。年轻，最需要的就是一个人过一段沉默而执拗的日子，沉浸在充满力量的奋斗和努力中。对年轻来说，磨砺才叫生活。

新东方创始人俞敏洪曾经这样说道："我发现成功人士都有一个特质，就是不安分，敢于闯荡。比如我父辈当中的很多成功者，都是随着改革开放放弃了原来的铁饭碗，只身闯荡江湖的。但这绝对不是什么'懂得放弃'的精神，而是因为他们不安分，不满足于眼前安稳的现状，我就遗传了这样的不安分基因。"

他还说："我不喜欢按部就班的生活，安逸让我心里不安分。其实北大已经给了我很大的自由，因为一周上课才八小时，这之外就全是你的时间，每个月的奖金和工资还照拿，基本就是挺安逸的。要按这个走下去就是一个挺安定的生活。但后来我又想这也不太符合我的个性，因为我在外面尝到了甜头，看到我在外面一个月可以挣出北大十个月的工资，这样心里就不安分了。"

就这样，从北京大学辞职的俞敏洪顶着寒风，冒着烈日，骑着自行车在北京的大街小巷里贴小广告，在一座漏风的违章建筑里，创办起了新东方英语培训学校。

后来，新东方成功登陆美国主板证券市场，俞敏洪身价在一夜之间飙升至2.42亿美元，成为了中国有史以来最富有的教师。

很多人都喜欢讨论比尔·盖茨、乔布斯等等一干人的成功之道，抛开技术层面和营销方面不谈，从本质上说，他们两个都是不安分的人，都曾趁着年轻出来闯荡社会。"想给这个世界带来点新的东西"，只因为这样他们才会在尚未兴起的个人电脑上做出巨大贡献，两个人连大学都不上完就敢于创业了，有多少人能做到这一点？一个循规蹈矩、"安分守己"的人，绝对不会为冒险付出任何代价；宅在家里的人不会想到另辟蹊径，单独开辟一条道路。

我们应该知道，风险与机遇并存，机遇与风险同在。年轻时，如果总是怕失败，怕风浪，宅在家里，永远也不会碰见机遇。闻名世界的石油大王洛克菲勒就是在风险中抓住机遇的。

在美国南北战争前，时局动荡不安，各种令人不安的消息不断传出。人们都在忙着安排自己身边的事情，忙着安排自己的家庭和财产。洛克菲勒却并没有宅在家里数钱，而是利用自己的全部智慧在思考，如何从战争中获取附加利益。他想：战争会使食品和资源匮乏，会使得交通中断，使得商品市场价格急剧波动。他想：这不是金光灿烂的黄金屋吗？走进去，一定满载而归！

那时候，洛克菲勒仅有一家四千美元的经纪公司，他决定豁出一切去拼一下！在没有任何抵押的情况下，洛克菲勒用他的设想打动了一家银行的总裁，筹到了一笔资金。然后，他便开始了走南闯北的生意之路。一切都如他预想的那样，第四年，他的经纪公司的利润已经高达一万多美元，是预付资产的四倍。在第一笔生意结账后不到半月，南北战争爆发了，紧接着，农产品价格又上升了好几倍。洛克菲勒所有的储备都为他带来了巨额利润，他的财富就像滚雪球一样越滚越大。

经过了这件事，洛克菲勒记住了一个秘诀：机遇就在于动荡之中，关键在于敢于投身进去拼搏闯荡。

有人说："趁着年轻出去闯一闯吧，世界上最悲惨的事情莫过于年轻人总安于现状，宅在家里不思进取。"满足于平庸生活的人是可悲的，当一个人满足于现有的生活时，他已经开始退化了。敢于闯荡的人总会发现一些新的东西，或者说创造一些新的东西，并且他们总能想到别人想不到的地方，敢为天下先，这是成功的必要精神。

宅在家里的生活可能会很舒适，舒适的诱惑和对困难的恐惧确实征服了不少人，但年轻就是用来闯荡的，用青春去享福，是一种罪过，因为老了的时候再想去闯一闯，也闯不动了。

再不疯狂就老了。

5. 弯路让人生有更多可能

正如品惯了茶或咖啡的人一样，品惯了人生中苦味的人，也能够从中品尝出无上的快乐。每个人都希望自己的人生一帆风顺，但这样的人生轨迹并不存在，弯路走得多了，放开心态，也能在弯路上多看一段风景。

面对生活中的弯路，我们需要"想得开"。想得开是天堂，想不开是地狱。我们选择自己的职业，选择自己的人生轨迹，都是出于向阳的心态，但是职业做了几年，可能发现选错了，走了几年路，发现路是弯的，然而回头看看，我们真的白白浪费了光阴吗？

终有一天，当我们站在人生的下一个站台回望，所有曾经承受的委屈和压力都将释然，我们会发现，正是那些我们所走过的弯路，让我们学到了如何应对人生，如何面对挫折，如何发挥潜能，全力以赴。走过弯路后，我们发现，是弯路让我们的人生拥有了更多的可能。

佛学院的一名禅师在上课时把一幅中国地图展开，问同学们："图上的河流有什么特点？"

"都不是直线，而是弯弯的曲线。""河流为什么不走直路，偏要走弯路呢？"学僧七嘴八舌：有人说，弯路，为了拉长流程，河流也因此拥有更大的流量，当夏季洪水来临时，河流就不会水满为患了；又有人说，流程拉长，每个单位河段的流量相对减少，河水对河床的冲击力也随之减弱，这就起到了保护河床的作用……"都对！"禅师说，"但根本的原因是，走弯路是自然界的常态，走直路反而是非常态，因为河流往前时会遇到各种障碍，无法逾越，只有绕道而行，绕来绕去，避过了一道道障碍，最终抵达遥远的大海。"学僧顿悟了，说："人生也如河流，坎坷挫折是常态，不必悲观失望，也不必长吁短叹，停滞不前。直闯不过，就换个法子，另辟蹊径，照样能抵达遥远人生的大海。"

苏联一位著名作家有一句名言："小孩是经过跌倒再跌倒，才逐渐长大的。"不摔跤，没有疼痛的感觉，又怎么知道如何防止摔跤？不迷路，没有尝过无路可走的滋味，又怎么知道下次如何认清方向？没有经历黑夜，又怎么会产生追求光明的欲望？没有经受暴风雨的侵袭，又怎么会有雨过天晴、阳光明媚的梦想？

当我们不断走弯路，做出错误的决定，提出错误的意见等等，别人可能会嘲笑我们愚蠢，但何必在意他人的眼光呢？弯路有时必须去走，弯路有时就是财富。在走弯路的过程中，我们所收获的东西，他人永远无法明白。生活的强者，只关乎心灵。塞涅卡曾说："没有谁比从未遇到过不幸的人更加不幸，因为他从未有机会检验自己的能力。"如何检验自己的能力呢？走一段弯路吧！

在弯路中，我们在得到与失去的交替中，在渴求与放弃的转变间，经历痛苦，同时也感受快乐。

走弯路很苦，但苦的另一面是一种恩赐，因为伴随苦难而来的往往是一种超乎常人的坚强与不屈，而这种精神才是人生在世最为宝贵的财富。因此我们在痛苦中流泪时，不要只是集中在痛苦上，而忘记了上帝的恩典。耶稣离世前对门徒说："我实实在在地告诉你们，你们将要痛苦、哀号，你们将要忧愁，然而你们的忧愁要变为喜乐。你们现在在忧愁，但我要再见到你们，你们的心就喜乐了。"

从一个一掷千金的大商人，变成一个家徒四壁的穷光蛋，洛克在经历了破产的遭遇后，深切体会到生活的冷酷无情，他心灰意冷，萌生了结束生命的想法。

洛克回到了承载着他童年美好时光的乡间小镇，也许这里才是离上帝最近的地方，洛克很想质问上帝，为何偏偏选中他来承受命运的作弄？

走累了的洛克在一片瓜地旁边小憩，正是丰收的时节，空气里充盈着香甜的味道。好客的瓜农看到风尘仆仆的洛克，豪爽地请他品尝地里的瓜。

瓜农开始喋喋不休地对洛克讲述，前几年收成如何不好，总是遇到天灾虫患，甚至突如其来的一场霜冻，让即将收获的成果毁于一旦，一年的辛勤劳作全都白费了。

洛克感到有些意外，他脱口而出："收成不好你怎么活下去，赚不到钱耕种还有什么意义？"

憨厚的果农咧嘴一笑："再怎么艰难不都这样挺过来了，你看，这不是丰收了么，而且，正是之前的欠收，才让这次丰收显得更有意义。"看着这个心事重重的年轻人，果农意味深长地继续说道："所有的经历都是有意义的，只要你没有放弃继续依靠自己的双手。"

一席话似一阵风吹走了洛克心头的灰尘，让他顿时醍醐灌顶。洛克驱车返回，决定重新来过，5年后他的公司遍及全球，他成了行业内呼风唤雨的人物。而走过的弯路，也成了他人生中最美的回忆，他倍加珍视。

走弯路并不可怕，可怕的是我们纠结的内心，迟迟不肯让它过去。我们都曾暗暗许愿：希望人生之路能够坦荡无阻，希望得到细心体贴的关怀，希望一切烦恼和痛苦都远离我们。然而，我们的愿望没有被满足，我们仍然在红尘中挣扎，生命中那些源于心灵的痛苦时时折磨着我们，让我们不愿意面对，却又无法逃避。

人生路上，有很多的风景。对于很多风景，我们或者无心欣赏，或者根本就错过了，这是一种遗憾。当我们为了接近一个目的，遭遇了困难，甚至付出了代价后，是否还能满心欢喜地回忆起沿途的景致？ 如果能，我们就是智慧的。

弯路比起星光大道更有意思，且不去说那不寻常的风景，就说脚下的路，因为有了曲折，反而可以考验我们的注意力和脚力。把这作为人生旅途的一次磨砺，不是很好吗？

6. 切断一切退路，一定能找到出路

只有一条路可走的人往往是最容易成功的人，因为别无选择，所以他们会倾尽全力朝目标冲刺。有时只有斩断自己的退路，才能把不可能变成可能。对自己太容忍，就是对自己的残忍。当我们不能后退时，就只有前行。欢腾的小溪没有退路，它从高处流向低处，直到汇入大海；雄健的苍鹰没有退路，它从断崖飞向低谷，直到驰骋天穹；稚嫩的幼芽没有退路，它从地下钻出地面，直到沐浴春雨。

小民是一位在美国留学的中国学生。毕业后，小民想靠着自己的能力养活自己，为了解决生存问题，他什么苦活累活都干过。在餐馆刷盘子，在路上发传单，帮别人打字。微薄的收入只能让他勉强糊口。

一天，在唐人街一家餐馆打工的他，在报纸上看见一则招聘启事，一家公司在招聘线路监控员。一看和自己专业对口，薪资待遇也很吸引人，小民就做足准备去应聘。过五关斩

六将,他进入了最终的面试。招聘主管出人意料地问他:"你有车吗?你会开车吗?我们这份工作经常外出,因为公司的车辆有限,所以我们会优先考虑会开车的人。"

小民当场就蒙了,自己只是一个穷学生,怎么会有车呢?开车更是不会啊! 但为了争取到这个工作,他不假思索地回答:"有! 会!""很好,那四天后你开车来上班。"主管说。

小民没有退路,要么他就放弃这份工作,要么就只能硬着头皮上阵。最终他豁出去了,在一个朋友那儿借了一些钱,买了一辆二手车,开始了自己紧迫的学车历程。第一天他跟朋友学简单的驾驶技术;第二天在朋友屋后的大草坪模拟练习;第三天歪歪斜斜地开着车上了公路;第四天他居然驾车去公司报到了。

如果想要找到出路,没有坚定的信念和视死如归的精神是不行的。有时我们必须放开手脚,大胆去做,才能克服所谓的不可能。小民凭着自己的胆识,敢于斩断自己的退路,让自己置身于命运的悬崖边上。正是面临这种后无退路的境地,他才有了奋勇向前的精神,争取到了那个难得的机会。

在生活中,亦有很多不给自己留后路的人。网坛明星、俄罗斯运动员莎拉波娃4岁时, 她的父亲就变卖了他们在俄罗斯的全部资产,带着莎拉波娃到美国练习网球。正因为没有退路,莎拉波娃从小就刻苦练习,最终成长为一名成功的网球手。

人生没有退路，我们才会更加努力地探寻出路。生活中，退路就是在为不成功找借口，在经历失败后，它就成了堂而皇之的退缩理由。当你为自己留出后路时，你就在失败上投下了一枚筹码，你的信心就已经削减了一半。关键时刻，有破釜沉舟的勇气的人，才能给自己创造一个向生命高地冲锋的机会。

东汉的大学问家班彪有两个儿子，一个叫班固，一个叫班超。兄弟俩都很优秀，但志向却不一样，班固喜欢研究百家学说，班超却爱在战场上挥洒英勇。

班超在大将军窦固手下担任代理司马，当时匈奴不断地侵扰汉朝边疆，窦固赏识班超的才干，派班超为使者到西域去联络西域各国以共同对付匈奴。

于是，班超带着几十个随从人员到了西域的鄯善。鄯善是归附匈奴的，但匈奴逼他们纳税进贡，使得鄯善王很不满意，看到这次汉朝派使者来，他们招待得甚为殷勤。

但没过几天，班超就察觉鄯善王对待他们忽然没前几日那么热心了，他猜想一定是匈奴的使者也到了鄯善。为了证实自己的想法，当鄯善王的仆人送食物进来时，班超装出一副料事如神的样子说："匈奴的使者来了几天了？住在什么地方？"那个仆人一听吓了一大跳，以为班超已知道了这件事，只好老实回答说："来了三天了，他们住在离这儿三十里地的地方。"

果然不出所料，班超把那个仆人扣留起来，立刻召集随从人员，把匈奴使者来到鄯善的事告诉了他们，并对他们说："匈奴使者的到来，可能动摇鄯善王，如果他一旦倾向于匈奴，说不定会把我们统统都给杀了。大家看现在该怎么办？"大家听后知道情况危急，都表示愿意追随班超，一切听从他的安排。

班超见状，说："好！今天我们就立即行动，趁着黑夜，攻进匈奴的帐篷周围，他们不知道咱们有多少人马，一时反应不过来肯定自乱阵脚。只要我们杀了匈奴的使者，事情就好办了。"大家说："那我们今夜就殊死一搏吧！"

于是当天半夜，班超就率领着他的随从偷袭匈奴的帐篷。一些人擂鼓、呐喊，其余的人大喊大叫地杀进帐篷。匈奴人从梦里惊醒，到处乱窜。班超第一个冲进帐篷，其余的壮士跟着班超杀进去，最后轻松杀掉了匈奴使者和其随从。

第二天，鄯善王发现匈奴的使者已被班超杀了，就表示愿意服从汉朝的命令。班超回到汉朝后，汉明帝因为其立下了巨大功劳，马上提拔了他。

有些事情是必须马上做出决定的，稍有犹豫，很可能连自己的性命都难以保全。而且一旦做出了决定，就不要畏畏缩缩，一定要抱着全力以赴的态度，才能将成功的可能性升到最大。你斩断自己的退路，就没有回头路可走。硬着头皮也得冲上去，所以这也不失为一种获取成功的方法。

斩断自己的退路才能更好地赢得出路。如果我们要前行,就不要顾着退路。在危急时刻,优柔寡断只会让我们损失得更多,用尽所有力量做一次努力,才有可能扭转局面。一旦做出选择,就立即行动。人生没有回头路,有些人、有些事一旦错过了就再也找不回来了。想要拥有一些东西,不仅要付出相当的努力,而且要有莫大的勇气去果断地选择。

7. 敢为人先,打开脑袋创新思路

每一个人都天生具有思考的能力,思考表象很容易,但剥离表象的掩盖去思考真理却要难得多,其中需要付出的努力远远超过做其他的任何事情。

"思想有多远,路就有多远",正如这句鼓舞人心的广告语所说,一个人能走多远,取决于他能想多远。一个人成功的程度,取决于他胸襟和眼界的广阔程度。放眼现实世界,世界首富比尔·盖茨、科学奇才霍金、香港华人首富李嘉诚、太平洋严介和、阿里巴巴总裁马云、著名功夫演员成龙……这些人的辉煌和成功给我们留下很多思考:为什么他们能在众人中脱颖而出,创造奇迹呢?究其原因,就是因为他们身上具有一种东西——与众不同的思路,独一无二、深彻独特的思想精神,所以他们改变了自身的命运,也改变了这个世界。

正确的思路,好的思路,可以影响和改变很多东西,甚至可以改变一个人、一个企业乃至一个民族、一个国家的命运。

现实是最英明的裁判。张瑞敏总结提出的"没有思路就没有出路"的思想理念,如今已经成为海尔集团的重要战略理念,这个重要的战略理念也是海尔独有的创新文化之一。正是在一系列科学而先进的创新观念的指导下,在二十余年的时间里,海尔从一个亏空147万的街道小厂,发展成为全球营业额上千亿人民币的国际化大企业,20年走过了世界同类企业100年甚至更长时间走过的路。奇迹般的业绩,不仅使海尔成为国内企业中的佼佼者,而且成为世界企业中的佼佼者,创造了一个令世界震惊的"海尔神话"。

海尔还有一个思路——只有淡季思想,没有淡季市场。

七八月份是洗衣机的销售淡季,海尔经过市场调查分析得出结论:不是夏天客户不买洗衣机,而是没有合适的洗衣机。夏天要洗的衣服也就是一件衬衣、一双袜子之类的东西,用容量5公升的洗衣机,既费水又费电,非常不合算。据此,海尔开发了一种夏天用的洗衣机,是当时世界上最小的洗衣机,容量为1.5公升,而且有3个水位,最低的洗两双袜子也可以,这个产品一下子就在西方畅销开了。

从1995年开始生产洗衣机到现在,海尔销量在全国始终排名第一,主要原因就是,海尔员工的新思路创造了领先的产品,打开了洗衣机销售的新出路。对此,张瑞敏说:"我们卖给消费者的，绝对不是一个产品，而是一个解决方案。"

在服务思路这方面，三联书店也颇有见地。三联书店始终以邹韬奋先生创办生活书店的宗旨——"竭诚为读者服务"为店训，强调经营管理，长期以"读者的一位好朋友"自视，早在1935年就开办了电话购书业务，以方便读者。三联书店之所以能吸引不同阶层的人士，除了自身的声誉之外，主要得益于它的服务思路、服务态度和服务水准。

三联书店的管理者和经营者谙熟一个道理：在商战中，竞争对手之间以能否获得更多顾客青睐决定胜负，因此，他们始终在变化经营思路、服务思路。三联书店的服务融入整个店面中，自然、平和、贴切，令人宾至如归。比如，人性化的高度和宽度，让人平静、放松的背景音乐，对读者无为而治的管理方式等。这些服务措施仿佛将书店变成了沙漠中的绿洲，让都市人在喧闹中获得了宁静，享受到了自由，汲取了知识。调查显示，开发一位新客户，要比留住一位老客户多花5倍的时间。当基本生活需求满足之后，客户期待的不仅仅是产品和价格，更重要的是服务和尊重。

美国一对青年夫妇在用奶瓶给婴儿喂奶时，觉得市面上出售的奶瓶太大，8个月以下的婴儿都无法自己抱住奶瓶吃奶。女方的父亲恰好是一家工厂烧焊产品的检查员，听到他们的抱怨，便顺口说，最好在奶瓶两边焊上瓶柄，婴儿就能双手抓着吃奶了。一句话启发了这对青年夫妇，他们设法将圆柱形的奶瓶改制成圆圈拉长后中间空心的奶瓶，投放市场销售，结果60天内卖出了5万个奶瓶，开业的第1年就收入150万美元。不经意间的一个小小的思路，创造了一个不小的奇迹。

北大教授告诉我们，"一个小小的改变，一个新的思路，往往会得到意想不到的效果。我们在日常生活中，千万别失去思考力，要打开脑袋，创新思路，接受新知识、新事物。思路变，观念变，局势就变，结果自然大不相同；因循守旧、墨守成规，无论何时何地都没有前途。"

正所谓："要有出路就必须有新的思路，要有地位就必须有所作为，只有敢为人先的人才最有资格成为真正的先驱者。"伟大的改革设计师邓小平有一句名言："思想再解放一点，胆子再大一点，步伐再快一点。"

8. 最糟，也不过是从头再来

最糟糕的事是什么？损失金钱，失去爱情，离别亲人，遭人陷害，还是被病痛折磨得够呛？不，这些都不是最糟糕的事，只要你的生命尚存一口气息，只要你还活在这个世界上，你就没有理由抱怨自己的现状太糟。除此之外，哪怕你现在一无所有，也只不过是从头再来，没什么大不了。

人的一生是一段漫长的路程，不要因为一时的失败就否定自己，要有从头再来的勇气。要用平常心去看待人生中的起落，不能因为一次的得失就断定一生的成败。人生的路上不可能永远一帆风顺，总有潮起潮落之时，有时失败也未必是坏事。没有昨天的失败，也许未必有今天的成功。人生最大的敌人是自己，只有敢于承认失败的人，敢于从头再来的人，才能最终战胜自己，战胜命运。面对失败，我们没什么可抱怨的，从哪里跌倒，就从哪里爬起来。

董静初中毕业的时候就在哥哥的印刷厂帮忙，每个月有一千多元的工资。后来，她就自己出来单干，帮市区里的小旅馆和小餐馆印信纸、信封、筷子套、牙签袋等，一年也能赚个七八万元。这时候她已经结婚，并生有一个女儿，家庭算得上幸福。

2004年的一天，她记得很清楚，那天早晨有人找她印一些收据，实际上是一些发票，给的价钱特别高，不到2000元的成本，就能赚1万元。董静觉得有点不妥当，但因为利润高，她还是印了。结果是，事情很快败露了，她被判了三年刑。对这次举动，她总结为"胆子太大了"。

她在监狱里待了两年半。这期间，丈夫和他离了婚，并要走了女儿的抚养权，每每想到这些，她就想一死了之。但是，生性倔犟的她终于还是熬了过来，因表现良好，被提前半年释放。

回到家中，她不打算再做印刷生意了，就从哥哥那里借来2万元，开始投资生涯。为保守起见，她找的都是店面，她投了一间商铺，只交了1万元定金，几个月后转手就赚了4万多。靠着"胆子大，眼光好"，到2007年年底，她手里的2万已经变成20多万。

2007年的年底，看着股票市场一直在牛市坚挺，再加上对2008年存有太多的憧憬和梦想，她抽出自己的全部资金投进股市，计划着和2008年的奥运会一起风光一回。初期，的确赚了一笔，但是让人猝不及防的金融危机来了，股票暴跌，她的20多万仅仅剩下6万多。同时，之前投资的两家商铺，也一直租不出去，只能眼睁睁亏钱。

董静感觉自己又一次被扔进了黑暗，那么无助，又那么无奈，年近30岁的她，一下子沧桑了许多。她在床上躺了整整两天两夜，第三天早上，她爬起来，用冷水洗了一把脸，对着镜子里的自己说，这辈子监狱都进了，还有什么事情不能承受？大不了从头再来！

这个世界上大多数人都失败过，一些人越战越勇，排除万难迎来了成功，而另外一些人却从此一蹶不振，陷入人生的泥沼。其实，所有的不幸都不可怕，可怕的是我们丧失了斗志，失去了面对的勇气。只要我们的生命还在，跌倒了就爬起来,所有的伤痛都可以疗愈!

有一首诗写道:"白云跌倒了,才有了暴风雨后的彩虹。夕阳跌倒了,才有了温馨的夜晚。月亮跌倒了,才有了太阳的光辉。"在坚强的生命面前,失败并不是一种摧残,也并不意味着你浪费了时间和生命,而恰恰是给了你一个重新开始的理由和机会。

一次讨论会上,一位著名的演说家面对会议室里的200个人,手里高举着一张50元的钞票问:"谁要这50块钱?"一只只手举了起来。

他接着说:"我打算把这50块钱送给你们当中的一位,在这之前,请准许我做一件事。"他说着将钞票揉成一团,然后问:"谁还要?"仍有人举起手来。他又说:"那么,假如我这样做又会怎么样呢?"他把钞票扔到地上,又踏上一只脚,并且用脚碾它。而后,他拾起钞票,钞票已变得又脏又皱。"现在谁还要?"还是有人举起手来。

"朋友们,你们已经上了一堂很有意义的课。无论我如何对待那张钞票,你们还是想要它,因为它并没贬值,它依旧值50元。"

在人生路上,我们又何尝不是那"50元"呢?无论我们遇到多少的艰难困苦或是失败受挫多少次,我们其实还是我们自己,我们并不会因为一次的失败而失去固有的实力和价值,我们并不会因为身陷挫折而贬值。

现实中有太多的人曾无数次被逆境击倒、被欺凌甚至被碾得粉身碎骨，而失魂落魄觉得自己一文不值！事实上生命的价值不因我们遇到的挫折或是困境而改变。无论发生什么，或将要发生什么，我们永远不会丧失价值。无论肮脏或洁净，衣着齐整或不齐整，我们依然是无价之宝。只要我们抱着大不了从头再来的勇气，下次的成功就一定属于自己。

面对挫折，让我们想想卧薪尝胆的越王勾践，想想在奥运赛场上倒下又爬起来的运动员，想想从黑暗无声的世界中挣脱的海伦。我们不难发现挫折，是完全可以战胜的，所以面对挫折我们要勇于战胜它而非一蹶不振。

心情低落是没有用的，如果你觉得从来没有这么糟糕过，那你就对自己说：反正不会有比这更糟的时候了。这时你就会觉得心中豁然开朗，你就有了直面从零开始的勇气。

就算你的人生再糟糕，你的价值也没有被任何人夺走。要相信自己，从头再来，一步一个脚印地走好每一步。

第五章

行动吧！
就像从不曾拖延过一样

1. 拖延是对生命最大的浪费

深夜，一个危重病人迎来了他生命中的最后一分钟，死神如期来到了他的身边。在此之前，死神的形象在他脑海中几次闪过。他对死神说："再给我一分钟好么？"

死神回答："你要一分钟干什么？"他说："我想利用这一分钟看一看天，看一看地；我想利用这一分钟想一想我的朋友和我的亲人；如果运气好的话，我还可以看到一朵绽开的花。"

死神说："你的想法不错，但我不能答应。这一切都留了足够的时间让你去欣赏，你却没有像现在这样去珍惜，你看一下这份账单：在60年的生命中，你有三分之一的时间在睡觉；剩下的30多年里你经常拖延时间；曾经感叹时间太慢的次数达到了10000次，平均每天一次。上学时，你拖延完成家庭作业；成人后，你抽烟、喝酒、看电视，虚掷光阴。"

"我把你的时间明细账罗列如下：做事拖延的时间从青年到老年共耗去了36500个小时，折合1520天；做事有头无尾、马马虎虎，使得事情不断地要重做，浪费了大约300天；因为无所事事，你经常发呆；你经常埋怨、责怪别人，找借口、找理由、推卸责任；你利用工作时间和同事侃大山，把工作丢到了一旁毫无顾忌；工作时间呼呼大睡，你还和无聊的人煲电话粥；你参加了无数次无所用心、懒散昏睡的会议，这使你睡眠远远超出了20年；你也组织了许多类似的无聊会议，使更多的人和你一样睡眠超标；还有……"

说到这里，这个危重病人就断了气。死神叹了口气说："如果你活着的时候能节约一分钟的话，你就能听完我给你记下的账单了。哎，真可惜，世人怎么都是这样，还等不到我动手就后悔死了。"

想想看，拖延真的是浪费时间、浪费生命的最好办法。

拖延会让你变成一个厌倦生活的人。事实上，生活永远不会令人百无聊赖，但是现实生活中，很多人总感到无聊和厌倦，这很大程度上是因为未能积极有效地利用自己现在的时间。拖延时间的人往往虚度光阴、无所事事,这样的生活状态必然让其感到厌倦生活。仔细想想,你手头上的很多工作压在桌上,你的身体逐渐发胖却毫无办法;你对这个城市一直心存反感,每天忙忙碌碌却丝毫体会不到人生的乐趣,这样的生活状态你能不厌倦么? 连死神听了都会皱眉头,拖延的你往往是忙于逃避痛苦而不是追求真正的快乐。

有一个著名的美国将领名叫乔治·布林顿·麦克莱伦,他曾是西点军校优等生。科班出身的他善于充分准备,在南北战争时期,由于系统改造了北方军队的后勤使他名声大噪,最后被提拔为北方军总司令,还被誉为"小拿破仑"。

可是,新任将军在其后屡次被"不打无准备之仗"的理念所拖累。先是以准备不充分为由拒绝进攻而与总统闹僵,后来又由于过分谨慎不愿追击多次丧失胜利的机会。

1862年,在美国南北战争中一次决定性战役"安提坦战役"中,有一个绝佳的机会可以夺取里士满,但他犹豫再三,认定自己被南方军堵截而失去了机会。之后他再度踌躇不决,最终在兵力两倍于敌军的情况下错失全歼南方军队的机遇,战争因此又被拖延了三年才宣告结束。

他永远都在请求林肯给他新的武器,永远觉得没有足够的士兵,士兵们永远都不够训练有素,装备永远不够精良。林肯曾抱怨说"如果麦克莱伦将军不想好好用自己的军队,我宁愿把他们都借给别人"。联邦军总将军亨利·哈列克则认为他"有一种超越任何人想象的惰性，只有阿基米德的杠杆才能撬动这个巨大的静止。"这一切摧毁了军政界对麦克莱顿的信任，最终使他被众口交贬，解除军职。

喜欢拖延的人往往意志薄弱，他们或者不敢面对现实，习惯于逃避困难，惧怕艰苦，缺乏约束自我的毅力；或者目标和想法太多，导致无从下手，缺乏应有的计划性和条理性；或者没有目标，甚至不知道应该确定什么样的目标。另外，认为条件不成熟，无法开始行动也是导致拖延的原因之一。

对每一个渴望有所成就的人来说，拖延是最具破坏性的，它是一种最危险的恶习，它使人丧失进取心。一旦开始遇事拖延，就很容易再次拖延，直到变成一种根深蒂固的习惯。

2. 你的拖延信号是哪些？

如果你对拖延了解很少，你会发现推迟行动伴有很强的情感阻力，这些情感同时伴随着这样一些想法，例如，"不是现在，以后再说"。

如果拖延的人在面临不想做的事情时，没有感到明显的情感阻力，并且不用回避任务的方式来躲避不愉快的感受，那么,拖延会大大减少。由于任务的阻力会使人感到如此不舒服,感到很大的压力,以至于人们常常会在刚接触工作时就不自觉地感到不自在, 很多人用类似这样的话——"现在不,等以后再说"来为自己进行辩护。

人们通过为自己辩护,以及用不紧急的事情代替紧急的事情来欺骗自己,来推迟需要做的事情。这些行为可以归并为精神的、情感的和行动上的分类。

精神上的解脱包括这样几种:告诉自己以后会做得更好;告诉自己在以后的时间里要首先做现在已经耽搁了的事情;或者干脆否认自己,告诉自己不可能成功,然后抱怨自己。

我们可以把这种通过转移注意力来拖延的典型拖延行为看做行骗。行骗者历来就是以默许者、欺骗的艺术家、迷惑的或狡诈的身份出现,他们就是利用了人类的脆弱性和易受暗示性的弱点。林肯的妻子玛丽·托德·林肯对此有很深的了解。她写道:"我个人不良的拖延习惯经常使自己拖拉,告诉自己等一等,直到以后更方便的时候再说。"

欺骗者的话很简单:以后再说,现在先不要去做。你可以这样问自己:"未来的什么时间会使事情变得更方便和容易呢?"用这样的话来自我提醒。对这种问题的明智回答会彻底驱走头脑中的混乱。

与上面偶然的推迟不同的是,它增加了对未来行动的期望,希望在以后会出现令人鼓舞的事情,而事实上后来发生的事情对你并没有鼓励的作用。想想有多少人会感到鼓舞,并且会被激励去做相同的平凡的事情呢?

欺骗者会增强这种"等等"的想法。他告诉自己:"一直等到感到准备好了为止,并且不要浪费时间。"这种逻辑似乎是很吸引人的,但是它在本质上是有问题的。某些事情就是令人讨厌的、不愉快的、不舒服的、不方便的或者是有压力的,拖到以后也不能改变它们。当你说服自己推迟是最好的办法时,你就是在欺骗自己。它诱导你,使你不会有竞争的激情。

拖延对行动的转移,是用没有必要的事情代替必须做的事情。比如去看电影不去参加报告会,用吸烟来避免面对问题,采取用读书、摆弄衣服等任何事情替代必须要做的事情的办法。他们总是与拖延联系在一起的,因为他们经常用不费思考的事情来替代,所以可把他们称为"拖延的瘾君子"。幽默大师罗伯特·本奇利用这样的话来描述他们:"假如这些工作不是他想做的工作,那么每个人都能够做成任何一件事情。"

那么你有拖延症吗?下面我们将用一个小测试测试来进行诊断:

※认为自己5天之内可以做完一件事情,所以在离期限还有15天的时候一点不着急,直到最后只剩5天了才开始。

※每次开工都要整点开始,一点半、两点、两点半,却迟迟无法动手。

※从工作清单中挑最不重要的事情做;越重要的工作越

拖延得越久；越临近截止时间，越想做其他事。

※在决定静下心来做最重要的事时，还要先跑去冲杯咖啡，总是等待"好心情"或"好时机"去做重要的工作。

※不容许别人占用或浪费自己的时间，而自己却不珍惜时间。

※本来在着手一项工作，一有什么欲望和想法，就抛下手中工作去干下一件。

如果上面的问题，自身有4种现象存在，那么证明你有拖延症。

3. 借口是拖延的温床

习惯性的拖延者通常也是制造借口与托辞的专家，他们每当要付出劳动，或要作出抉择时，总会找出一些借口来安慰自己，总想让自己轻松些、舒服些。今天该做的事拖到明天完成，现在该打的电话等到一两个小时后才打，这个月该完成的报表拖到下一月，这个季度该达到的进度要等到下一个季度……

唐金是公司里的一位老员工了，以前专门负责跑业务，深得上司的器重。只是有一次，他手里的一笔业务让别人捷足先登抢走了，造成了一定的损失。事后，他很合情合理地解释了失去这笔业务的原因，那是因为他的脚伤发作，比竞争对手迟到半个钟头。以后，每当公司要他出去联系有点棘手的业务时，他总是以他的脚不行，不能胜任这项工作作为借口而推诿。

唐金的一只脚有点轻微的跛，那是一次出差途中出了车祸致伤的，留下了一点后遗症，根本不影响他的形象，也不影响他的工作，如果不仔细看，是看不出来的。

第一次，上司比较理解他，原谅了他。唐金好不得意，他知道这是一宗费力不讨好比较难办的业务，他庆幸自己的明智，如果没办好，那多丢面子啊。

但如果有比较好揽的业务时，他又跑到上司面前，说脚不行，要求在业务方面有所照顾。如此种种，他大部分的时间和精力都花在如何寻找更合理的借口上，碰到难办的业务能推就推，好办的差事能争就争。时间一长，他的业务成绩直线下滑，没有完成任务他就怪他的脚不争气。总之，他现在已习惯因脚的问题在公司里可以迟到，可以早退，甚至工作餐时，他还可以喝酒，因为喝点可以让他的脚舒服些。

现在的老板都是很精明的，有谁愿意要这样一个时时刻刻找借口的员工呢？唐金被炒也是情理之中的事。

同样的道理，如果你是一个老板，如果你也经常找借口，那你的事业如何前进？

许多找借口的人，起初在享受了借口带来的短暂快乐后，都会有点自责。可是，重复的次数一多，也就变得无所谓了，原本有点良知的心变得越来越麻木不仁。也许，借口所说的原因，正是自己不能成功的真正原因吧。

找借口的一个直接后果就是容易让人养成拖延的坏习惯。

在美国西点军校，有一个广为传诵的优良传统，学员遇到军官问话时，只能有四种答复：

"报告长官，是"；

"报告长官，不是"；

"报告长官，不知道"；

"报告长官，没有任何借口"。

除此以外，不能多说一个字。

"没有任何借口"是美国西点军校两百年来奉行的最主要的行动准则，是西点军校传授给每一位新生的第一个理念。它强化的是每一位学员想尽措施去完成任何一项任务而不是为没有完成任务去寻找借口，哪怕是看似合理的借口的理念。秉承这一理念，无数西点毕业生在人生的各个范畴取得了非凡成绩。

在现实生涯中，我们少的正是那种想尽方法去完成任务，而不是去寻找任何借口的人。在他们身上，体现出一种遵从、老实的态度，一种负责、敬业的精神，一种完美的执行能力。

在工作当中，我们经常能够听到的是各种各样的借口："那个客户太挑剔了，我无法满足他""我可以早到的，如果不是下雨""我没学过""我没有足够的时间"。其实，在每一个借口的背后，都暗藏着丰盛的潜台词，只是我们不好意思说出来，甚至我们根本就不愿说出来。借口让我们暂时躲过了困难和责任，获得了些许心理的慰藉。

寻找借口的人都是因循守旧的人，这样的人缺少一种创新能力和主动自发工作的才能，因此，期望这样的人在工作中做出发明性的成就是徒劳的。借口让他们躺在以前的经验、规矩和思维惯性上舒畅地睡大觉。这其实是为自身的才能或经验不足而造成的失误寻找借口，这样做显然是非常不明智的。借口能让人逃避一时，却不可能让人如意一世。

没有谁天生就才能非凡，正确的态度是正视现实，以一种积极的心态去尽力学习、不断进取。

借口给人带来的严重迫害是让人消极颓丧，如果养成了寻找借口的习惯，当遇到困难和挫折时，不是积极地去想措施战胜，而是去找各种各样的借口，其潜台词就是"我不行""我不可能"，这种消极心态剥夺了个人胜利的机遇，最终让人一事无成。

优秀的人从不在工作中寻找任何借口，他们总是努力把每一项工作做到超越客户的预期，最大限度地满足客户提出的请求，而不是寻找各种借口推诿；

他们总是杰出地完成上级部署的任务，替上级解决问题；

他们总是尽全力配合同事的工作，对同事提出的辅助请求，从不找任何借口推托或延迟。

抛弃找借口的习惯，你就会在工作中学会大量解决问题的技巧，这样，借口就会离你越来越远，而成功就会离你越来越近。

美国科学家格兰特纳说过这样一段话：如果你有自己系鞋带的能力，你就有上天摘星的机遇。让我们转变对借口的态度，把寻找借口的光阴和精神用到尽力工作中来。因为工作中没有借口，人生中没有借口，失败没有借口，胜利也不属于那些寻找借口的人。

4. 机会不等人，成大事者不拖延

令人筋疲力尽的并不是做的事本身，而是思前想后患得患失的心态。一个失败者的最大特征就是顾虑再三，犹豫不决。

伟大的作家雨果说过："最擅长偷时间的小偷就是'迟

疑'，它还会偷去你口袋中的'金钱'和'成功'。"诚然我们没有100%的把握保证每一次决定都能获得成功，但是现实的情况就是等待不如决断。所以，在机会转瞬即逝的当代社会，等待就意味着"放弃"，成功者宁愿"立即失败"，也不愿犹豫不决。

所以，获得成功的最有力的办法，是排除一切干扰困素迅速做出该怎么做一件事的决定。而且一旦做出决定，就不要再继续犹豫不决，以免我们的决定受到影响。有的时候犹豫就意味着失去。

古罗马有一位哲学家，饱读经书，富有才情，很多女人迷恋他。一天，一个女子来敲他的门，说："让我做你的妻子吧！错过我，你将再也找不到比我更爱你的女人了！"哲学家虽然也很喜欢她，却回答说："让我考虑考虑！"哲学家犹豫了很久，终于下定决心娶那位女子。哲学家来到女人的家中，问女人的父亲："你的女儿呢？请你告送她，我考虑清楚了，我决定娶她为妻！"女人的父亲冷漠地回答："你来晚了10年，我女儿现在已经是3个孩子的妈了！"

哲学家听了，几乎崩溃。后来，哲学家忧患成疾，临终，他将自己所有的著作丢入火堆，只留下一句对人生的批注——下一次，我绝不犹豫！

所以，面对选择，一定要迅速做出决断，哪怕做出错误的选择也好过犹犹豫豫。因为，机会一旦错过了，是不会再有的。

某村庄发大水，村民们都上了大船，但牧师不上，他说："上帝会来救我的。"大船开走了。

水位在涨高，牧师爬上了房顶。又有一艘快艇来搜救遗漏人员，牧师还是不走，仍说："上帝会来救我的。"快艇也开走了。

水位漫过了房顶。又有直升机来接牧师，牧师仍然坚持不走，照旧说："上帝会来救我的。"无奈，直升机也飞走了，牧师就这样连最后的机会也丧失了。

终于，虔诚的牧师遭到了灭顶之灾，见到了上帝。他抱怨上帝说："你怎么不来救我？"上帝说："我先后派了大船、快艇和飞机三种交通工具，可三次机会都被你错过了。"

故事虽然是荒诞的，但生活中这样的事例却比比皆是。人生的道路上，许多机会都是转瞬即逝的。机会不等人，如果犹豫不决，很可能会失去很多成功的机遇。犹豫拖延的人没有必胜的信念，也不会有人信任他们。果断积极的人就不一样，他们是世界的主宰。放眼古今中外，能成大事者都是当机立断之人，他们快速做出决定，并迅速执行。

在确定圣彼得堡和莫斯科之间的铁路线时，总工程师尼古拉斯拿出了一把尺子，在起点和终点之间画了一条直线，然后用不容辩驳的语气斩钉截铁地宣布："你们必须这样铺设铁路。"于是，铁路线就这样确定了。

综观历史，成功者比别人果断，比别人迅速，较别人敢于冒险，因此他们能把握更多的机会，所以往往成为成功者。实际上，一个人如果总是优柔寡断，犹豫不决，或者总在毫无意义地思考自己的选择，一旦有了新的情况就轻易改变自己的决定，这样的人成就不了任何事，只能羡慕别人的成功，在后悔中度过一生！

5. 不要做过于谨慎的犹豫先生

执行出错带来的危害远不如行事犹豫不决带来的危害大，静止不动的事物比运动中的事物更容易损坏。

一位智商一流、持有大学文凭的才子决心"下海"做生意。有朋友建议他炒股票，他豪情冲天，但去办股东卡时，他犹豫道："炒股有风险啊，等等看。"又有朋友建议他到夜校兼职讲课，他很有兴趣，但快到上课了，他又犹豫了："讲一堂课才20块钱，没有什么意思。"他很有天分，却一直在犹豫中度过，两三年了，一直没有"下"过海，碌碌无为。一天，这位"犹豫先生"到乡间探亲，路过一片苹果园，望见的都是长势喜人的苹果树。他禁不住感叹道："上帝赐予了这个主人一块多么肥沃的土地啊！"种树人一听，对他说："那你就来看看上帝怎样在这里耕耘吧。"

世界上有很多人光说不做，总在犹豫；有不少人只做不说，总在耕耘。成功与收获总是光顾有了成功的方法并且付诸于行动的人。

过分谨慎和粗心大意一样糟糕。如果你希望别人对你有信心，你就必须用令人信赖的方式表现自己。过度慎重而不敢尝试任何新的事物，对你的成就所造成的伤害，就像不经任何考虑就突发执行的后果一样严重。没游过泳的人站在水边，没跳过伞的人站在机舱门口，都是越想越害怕，人处于不利境地时也是这样。

而治疗恐惧的办法就是行动，毫不犹豫地去做。再聪明的人，也要有积极的行动。

有一个6岁的小男孩，一天在外面玩耍时，发现了一个鸟巢被风从树上吹掉在地，从里面滚出了一只嗷嗷待哺的小麻雀。小男孩决定把它带回家喂养。当他托着鸟巢走到家门口的时候，他突然想起妈妈不允许他在家里养小动物。于是，他轻轻地把小麻雀放在门口，急忙走进屋去请求妈妈。在他的哀求下妈妈终于破例答应了，小男孩兴奋地跑到门口，不料小麻雀已经不见了，他看见一只黑猫正在意犹未尽地舔着嘴巴。小男孩为此伤心了很久，但从此他也记住了一个教训：只要是自己认定的事情，绝不可优柔寡断。这个小男孩长大后成就了一番事业，他就是华裔电脑名人——王安博士。

在人生中，思前想后，犹豫不决固然可以免去一些做错事的可能，但更大的可能是会失去更多成功的机遇。

在四川的偏远地区有两个和尚，其中一个贫穷，一个富裕。

有一天，穷和尚对富和尚说："我想到南海去，您看怎么样？"富和尚说："你凭借什么去呢？"穷和尚说："一个饭钵就足够了。"富和尚说："我多年来就想租条船沿着长江而下，现在还没做到呢，你凭什么去？"第二年，穷和尚从南海归来，把去南海的事告诉富和尚，富和尚深感惭愧。

穷和尚与富和尚的故事说明了一个简单的道理：说一尺不如行一寸，没有果敢的行动，一切梦想都只能化作泡影。现实是此岸，理想是彼岸，中间隔着湍急的河流，行动则是架在河上的桥梁。

但是这个世界上，还有些人看上去并没有付出多少努力就获得了成功、权力和财富，而有些人一直在行动在努力却不断地遭受着挫折和打击,无论怎样努力也不能实现自己的愿望和理想,这究竟是为什么呢?难道是行动有了问题吗?我们说要行动,是要有个正确目标的行动,而不是不切实际的乱行动。如果是错误的行动,带来的危害会让我们一生都无法挽回。想好自己努力的方向,就去行动吧!

6. 消除惰性,做些分外的工作不吃亏

有惰性的人不仅仅表现在自己分内的事情拖拖拉拉,他们更害怕多做哪怕一丁点分外的工作。但事实告诉我们,职场中升迁最快的往往是那些不挑工种,什么活儿都抢着干的人,能力越大,工作越多,职位越高,在老板的心中也就越重要。反之,那些不愿做一丁点分外事,生怕吃一丁点亏的人,终其一生,安于现状,不思进取,碌碌无为。

老刘在一家超级商场任总经理,有一天晚上,公司有十分紧急的事,要发通告信给所有的营业处,所以需要全体员工协助。不料,当部门主任把这个安排转达给下面的职员,要求他们去帮忙装信封时,一个叫焦文的职员极不情愿地说:"我还有事情呢,再说了,这不是我的工作,我到公司不是做

装信封工作的。"老刘在不远处看到了这一幕，于是走到焦文面前，平静地说："既然这不是你分内的事，那就请你另谋高就，找你的分内之事去吧！"

焦文由于不愿做分外的事，最终失去了工作。有很多员工没有做分外事的意识，他们觉得那样做自己会吃亏。殊不知，作为一名优秀的员工，只要与工作相关，只要事关公司利益，无论是分内的还是分外的工作，都要努力做好。

任何一个勤奋努力、有进取心的人，都不会介意在做好自己分内工作的同时，尽自己所能每天多做一些分外的事情。多做一些有利于他人、有利于工作的事情，将使你得到比他人更多的成功机会。

梅琳在一家企业担任秘书，她每天的工作就是整理、誊写和打印一些材料，许多人都觉得她的工作枯燥乏味。但是梅琳并不这么认为，她觉得自己的工作非常有趣有价值。她说检验工作完成好坏的标准并非你做得是否好，而在于你在工作中是不是能发现他人没有发现的问题、方法以及其他一些东西。"

梅琳每天都认真仔细地做着自己的工作，时间长了，细心的她发现企业的文件里有许多问题，甚至企业的经营运作也有问题。因此，除了完成每日必须要做的工作以外，梅琳还认真地搜集一些资料，甚至是过期的资料，她还查阅了许多关于经营、销售等方面的书，将这些资料整理分类，然后进行分析，针对公司经营运作中的问题写出自己的建议。最后，梅琳将打印好的分析结果以及相关资料一齐交给了总裁。

总裁读了梅琳的建议后，着实吃了一惊，一位年轻的秘书竟然有如此缜密的心思，而且分析得井井有条、细致入微。总裁很是欣慰，他认为这种员工是不可多得的人才，是企业的骄傲。之后，公司采纳了梅琳的许多建议。

梅琳赢得了总裁的器重，获得了提升。她认为自己只是比平常的工作多做了一点点而已，可总裁却认为她为企业做出了卓越的贡献。

像梅琳这样出色的员工，在高效地完成自己的分内工作后，总是能主动地帮助同事与上司做好属于集体以及企业的工作。这样的员工总是能与上司或同事达成共识，抱定同一个目标，坚守同一个信念。他们认为，一切工作都是自己的或者与自己相关的。正是这种意识和行动，成就了他们勤奋认真的工作态度、积极高涨的工作热情以及努力拼搏的进取心。

如今，许多员工总是将上司放在与自己相对立的位置上，将工作和酬劳算计得一清二楚、明明白白，不愿多付出一丝努力，不愿多做一丁点事情，或者说是做了就得计较能得到多少报酬。就像那个焦文一样，他不觉得多做些工作会为自己带来什么，就觉得那是吃亏。

那么,这样的思想延伸的结果是什么——消极、懈怠、没有热情、马马虎虎、漠不关心,最终我们也看到了,被"炒"了。

在公司中,当你接受一项自己并不喜欢的工作或者顶替他人的位置做一些非自己工作范围内的事情时, 不要抱怨,不要心理失衡,你应该努力去做,多做一些,就能多学一些,多了解一些企业整体运作的情况。如此一来,你才会拥有更多的表演舞台,从而充分发挥自己的才华,提高自己在企业的地位和威信,而且还可能因此找到自己更具竞争力、更具优势的地方,而老板需要的也正是"不怕吃亏"的员工。

7. 防止完美主义成为效率的大敌

盲目地追求完美并不是好的方法,关键问题是要在保证工作质量的基础上拥有更高的工作效率。一个单子做的再完美,它也不会变成两个,只有想方设法签到更多的单子,工作效率才能提高,工作业绩才能上得去。所以不要在一些不必要的问题上花费太多的心思以追求所谓的完美。作为一名员工,永远要记住一条,那就是:公司追求的是效益。

在工作中,我们不用把事事都做到最好,因为即使那样不会产生负面效应, 对工作的整体评价也不会有太大的好处。把重要的事情解决好，让自己的能力之箭射得又远又准，这样，我们的工作就已经算做得很出色了。

一位渔夫出海打渔，在捞上来的蚌壳里面，他很幸运地发现了一颗珍珠。这颗珍珠在阳光下光彩夺目，珠圆玉润。正在他爱不释手地欣赏时，突然发现在珍珠上有一颗芝麻粒大的小黑点。他心里想：如果我把这个小黑点打磨掉的话，这颗珍珠可就更值钱了，以后就再也不用出海打鱼过苦日子了。于是，他开始打磨这颗珍珠，但很快他发现随着珍珠的不断变小，小黑点却没消失，直到最后，黑点没有了，只剩下一粒沙。

渔夫追求完美的代价是整个珍珠的不复存在。人生中，我们追求完美的代价往往也是在消耗我们的宝贵的"珍珠"，只不过这里的"珍珠"指我们的时间和精力。

人的时间和精力都是有限的，所做的每一件事都要花费其中的一部分。在你追求完美的同时，必然要花费更多的代价于这种过程中。你的时间和精力会在这种过程中慢慢地消耗殆尽，而不会像想象中的那样，可以将各种事情都做得很好。

很多人常常埋怨自己的生活不够美满，这也不如意那也不舒心，因此心情郁抑、生活无味。其实，损伤和缺憾往往是我们进入另一种美丽的契机。不完美是生活的一部分，因为有了缺陷，才能成就完美，所以拥有缺陷是人生另一种意义上的丰富和充实。

　　我们每个人都有缺点，重要的是你如何看待它，如何能将这些"缺点"转化为"优势"，将这个"优势"好好运用、发挥，并得到更好的效果。实际上，有些缺点可能恰恰是另一种美丽的优点，可以让你在不经意间铸就了另一种人生。

　　从前，有一位受人雇用挑水的农夫。他有两个水桶，分别吊在扁担的两头，其中一个桶有裂缝，另一个则完好无缺。在每趟长途的挑运之后，完好无缺的桶，总是能将满满一桶水从溪边送到主人家中，但是有裂缝的桶到达主人家时，却剩下半桶水。

　　两年来，农夫就这样每天挑一桶半的水到主人家。当然，好桶对自己能够送满整桶水感到很自豪，而破桶则对于自己的缺陷感到非常羞愧，它为只能负起责任的一半而难过。

　　终于有一天，饱尝了两年失败的苦楚，破桶终于忍不住了，在小溪旁对农夫说："我很惭愧，我必须向你道歉。"

　　"为什么呢？"农夫问道，"你为什么觉得惭愧？"

　　"过去两年，因为水从我这边一路地漏掉了，我只能送半桶水到主人家。我的缺陷，使你做了全部的工作，却只收到一半的成果。"破桶说。

　　农夫替破桶感到难过，他满有爱心地说："这一次，在我们回到主人家的路上，我要你留意路旁盛开的花朵。"

　　走在回家的山坡上，破桶突然眼前一亮，它看到缤纷的花朵开满了路的一旁，沐浴在温暖的阳光之下，这景象使它开心了很多。

但是，走到小路的尽头，它又难受了，因为一半的水又在路上漏掉了！破桶再次向农夫道歉。

农夫温和地说："你有没有注意到小路两旁，只有你的那一边有花，好桶的那一边却没有开花吗？我明白你有缺陷，因此我善加利用，在你那边的路旁撒了花种。每次我从溪边回来，你就替我一路浇了花。两年来，这些美丽的花朵装饰了主人的餐桌。如果你不是这个样子，主人的桌上也就没有这么好看的花朵了。"

正是因为那只破桶的不完美，从而成就了路边盛开的鲜花。由此可见，当生命中有不完美的事情时，不要悲观地怨天尤人，因为那只会徒劳。正确地认识并接受这种残缺，不必苛求完美，只有这样，我们才会追求到幸福。

其实，人生没有完美的幸福可言，完美的幸福只存在于理想之中。因为任何事物都不可能达到完美的境界，如果每一个细节都要追求完美的话，那么很有可能就失去了大局。

有一位终日消沉的历史学家说："如果我没有完美主义，那我只是一个平平庸庸的人。谁愿意空活百岁，碌碌无为呢？"他把完美主义看成了自己为取得成功必须付出的代价。他相信实现完美是他达到理想高度的唯一途径。可是实际情况呢？他对失败的恐惧使他做事如履薄冰，根本做不出什么业绩。

　　我们要从心理上承认有不完美才是真正的人生,生活绝不可能一帆风顺,遇到挫折和处于低谷时,自信和乐观尤为重要,切不可自暴自弃。正因为生活中有让你感到沮丧、绝望的问题,你才会付出更多努力,才更懂得珍惜所得到的,即便是事情不尽人意,即便失败,但那和成功一样构成了你丰富的人生体验,这样才不枉活一世。

　　在工作上给自己定一个"跳一跳,能够着"的目标,只要对得起自己的努力和良心,不要太在意上司和同事对自己的评价。否则,遇到挫折就可能导致身心疲惫。不要为了让周围每一个人都对你满意而处处谨小慎微,还是要有点"我行我素"的气魄。不然,让所有人都满意,唯独自己不满意,又有什么好处呢?

　　你的客户也许需要的只是用完即丢的好写的圆珠笔,那么你就不用浪费时间与金钱制造全世界最好的钢笔;你的客户也许不希望你在一个计划的某一部分花太多时间,而是希望你做好每个部分;你的上司也许只是需要你将意见直接、随意地写在便条上,而不是要你写一篇长篇累牍的大论。

　　你可能期望太高,但有时候够好就行了。不要浪费太多的时间和力气去梦想不切实际的完美。我们需要记住的是:适时见好就收。任何值得做的事都不需要一开始就做的完美无缺,在少数事情上追求卓越,不必事事都有最好的表现。

8. 学会管理时间，做时间的主人

人们之所以会浪费时间，就在于他们没有想到自己是时间的主人，没有养成善于利用时间的好习惯。而这种习惯是一个人做人、做事、做学问的根本。倘若你没有这一良好的习惯，经常地浪费时间，消耗生命，其结果是难以想象的。

一位富翁买了一幢豪华的别墅。从他住进去的那天起，每天下班回来，他总看见有个人从他的花园里扛走一只箱子，装上卡车拉走。

他来不及叫喊，那人就走了。这一天他决定开车去追，那辆卡车走得很慢，最后停在城郊的峡谷旁。

陌生人把箱子卸下来扔进了山谷。富豪下车后，发现山谷里已经堆满了箱子，规格式样都差不多。

他走过去问："刚才我看见你从我家扛走一只箱子，箱子里装的是什么？这一堆箱子又是干什么用的？"

那人打量了他一番，微微一笑说："你家还有许多箱子要运走，你不知道？这些箱子都是你虚度的日子。"

"我虚度的日子？"

"对，你白白浪费掉的时光、虚度的年华。你朝夕盼望美好的时光，但美好时光到来后，你又干了些什么呢？你过来瞧，它们个个完美无缺，根本没有用，不过现在……"

富豪走过来，顺手打开了一个箱子。

箱子里有一条暮秋时节的道路，他的未婚妻踏着落叶慢慢走着。

他打开第二个箱子，里面是一间病房，他的弟弟躺在病床上等他回去。

他打开第三只箱子，原来是他那所老房子。他那条忠实的狗卧在栅栏门口眼巴巴地望着门外，已经等了他两年，骨瘦如柴。

富豪感到心口绞疼起来。陌生人像审判官一样，一动不动地站在一旁。富豪痛苦地说："先生，请你让我取回这三只箱子，我求求您。我有钱，您要多少都行。"

陌生人做了个根本不可能的手势，意思是说："太迟了，已经无法挽回。"说罢，那人和箱子一起消失了。

时间总是在我们不知不觉中溜走，而当我们幡然醒悟时，为时已晚。所以，我们要善于利用每一天的时间，提高人生的效率和质量。时间弥足珍贵，我们不能绝对地延长寿命，但可以通过善用时间的好习惯，来相对地将生命延长。这样就等于增加了生活的"密度"，扩充了有限的生命内涵。

我们必须想方设法掌控好自己的工作时间。

当你在有限的工作时间内，将所有预定的工作全部做完而且井井有条,不再觉得有许多忙不完的事,不再觉得工作纷繁复杂,还需要经常加班加点,不再会遗忘某些重要事情,那么恭喜你,你已经有效地掌控了自己的时间,成了时间的主人。

成功者往往在行动之前先作计划,他们有可能在一个月还未开始之前就已经作好了这个月的一切安排。

一个人只要能做出一天的计划、一个月的计划,并坚持原则按计划行事,那么在时间利用上,他就已经占据了自己都无法想象的优势。

提前做好计划。

生命图案就是由每一天拼凑而成的,成功者们往往从这样一个角度来看待每一天的生活,在它来临之际,或是在前一天晚上,把自己如何度过这一天的情形在头脑中过一遍,然后再迎接这一天的到来。有了一天的计划就能将一个人的注意力集中在"现在"。只要能将注意力集中在"现在",那么未来的大目标就会更加清晰,因为未来是被"现在"创造出来的。

把每天的时间都安排、计划好,对你的成功是很重要的,这样你可以每时每刻集小精力处理要做的事。把一周、一个月、一年的时间安排好,也是同样重要的,这样做会给你一个整体方向,使你看到自己的宏图,有助你达到目的。每个月开始,你可坐下来看本月的日历和本月主要任务计划表,然后把这些任务填入日历中,再定出一个计划进度表。

第
五
章

行
动
吧
！
就
像
从
不
曾
拖
延
过
一
样

保持充沛的精力。

许多有巨大潜力的人们都只盯着他们的目标和计划，而不去管其他的小事，因为他们知道精力是需要保持和储蓄的。

快速行动就能全面生存，而旺盛的精力就是你快速行动的基础。

就像杰克·韦尔奇经常说的那样："如果你的速度不是很快，而且不能适应变化，你将很脆弱。这对世界上每一个国家的每一个工商企业的每一个部门都是千真万确的。"

马克·吐温说过："行动的秘诀，就在于把那些庞杂或棘手的任务，分割成一个个简单的小任务，然后从第一个开始下手。"

成功的人，并不能保证做对每一件事情，但是他永远有办法去做对最重要的事情，计划就是一个排列优先顺序的办法。他们都善于规划自己的人生，他们知道自己要实现哪些目标，并且拟订一个详细计划，把所有要做的事都列下来，并按照优先顺序排列，依照优先顺序来做。

当然，有的时候没有办法100%按照计划进行。但是，有了计划，便给一个人提供了做事的优先顺序，让他可以在固定的时间内，完成需要做的事情。

吉姆·罗恩说过，不要轻易开始一天的活动，除非你在头脑里已经将它们一一落实。

即使是著名的富人，都非常重视自己的每一天的工作计划,因为只要做好了一天的计划,就能发挥自己的最大能力,制造惊奇。计划是为了提供一个按部就班的行动指南:从确立可行的目标,拟定计划并订出执行行动,最后确认出你完成目标之后所能得到的结果。

他们总是一件事接着一件事去做,如果一件事没有完成,是不会考虑去做第二件事的。凡事要有计划,有了计划再行动,成功的几率会大幅度提升。

任何时候都不晚。

很多时候,很多人都会抱怨,当自己发现什么是最重要的时候,已经晚了。其实,觉得为时已晚的时候,恰恰是最早的时候。

安曼曾经在纽约港务局工作并担任工程师一职,他工作多年后按规定退休。开始的时候,他很是失落。但他很快就高兴起来了,因为他有了一个想法,他想创办一家自己的工程公司。

安曼开始踏踏实实地、一步一个脚印地实施自己的计划,他设计的建筑遍布世界各地。在退休后的三十多年里,他实践着自己在工作中没有机会尝试的大胆和新奇的设计,不停地创造着一个又一个令世人瞩目的经典:埃塞俄比亚首都亚的斯亚贝巴机场,华盛顿杜勒斯机场,伊朗高速公路系统,宾夕法尼亚州匹兹堡市中心建筑群……

这些作品被当作大学建筑系和工程系教科书上常用的

范例，也是安曼伟大梦想的见证。86岁的时候，他完成了最后一个作品——当时世界上最长的悬体公路桥——纽约韦拉扎诺海峡桥。

　　生活中，很多事情都是这样，如果你愿意开始，认清目标，打定主意去做一件事，永远不会晚。

第六章

坚持吧！
就像从不曾失败过一样

1. 永不低头，做"失败"的头号敌人

人生在世，不可能万事都一帆风顺。当你遭遇到失败时，当一切似乎都是暗淡无光时，当你的问题看起来似乎不会有什么好的解决办法时，你该怎样做呢？难道你要无所作为，听任困难压倒你吗？每种逆境都含有等量利益的种子，只要心存信念，勇敢地站起来，总有奇迹发生。

美国作家欧·亨利在他的小说《最后一片叶子》里讲了个

故事：病房里，一个生命垂危的病人从房间里看见窗外的一棵树，在秋风中树叶一片片地掉落下来。病人望着眼前的萧萧落叶，身体也随之每况愈下，一天不如一天。她说："当树叶全部掉光时，我也就要死了。"一位老画家得知后，用彩笔画了一片叶脉青翠的树叶挂在树枝上。最后一片叶子始终没掉下来。只因为生命中的这片绿，病人竟奇迹般地活了下来。

有个年轻人去微软公司应聘，而该公司并没有刊登过招聘广告。见总经理疑惑不解，年轻人用不太娴熟的英语解释说，自己是碰巧路过这里，就贸然进来了。总经理感觉很新鲜，破例让他一试。面试的结果出人意料，年轻人表现糟糕。他对总经理的解释是事先没有准备，总经理以为他不过是找个托词下台阶，就随口应道："等你准备好了再来试吧。"

一周后，年轻人再次走进微软公司的大门，这次他依然没有成功，但比起第一次，他的表现要好得多。而总经理给他的回答仍然同上次一样："等你准备好了再来试。"就这样，这个青年先后5次踏进微软公司的大门，最终被公司录用，成为公司的重点培养对象。

也许，我们的人生旅途上沼泽遍布，荆棘丛生；也许我们追求的风景总是山重水复，不见柳暗花明；也许，我们虔诚的信念会被世俗的尘雾缠绕，而不能自由翱翔；也许，我们高贵的灵魂暂时在现实中找不到寄放的净土……那么，我们为什么不可以以勇敢者的气魄，坚定而自信地对自己说一声"再试一次"！

再试一次，你就有可能达到成功的彼岸！

罗尔夫·斯克尼迪尔是享誉全球的制表集团公司的总裁。当人们问及其从事制造高精密度手表多年中最自恃的理念是什么时，他回答道："永不低头，做'失败'的头号敌人。"

向来成功的背后，必是不能避免的挫折，这些对于罗尔夫·斯克尼迪尔亦复如斯，因为他永远踩着比别人更不屈不挠的步伐，失败、跌倒对他来说，只是寻常小事。也正因为如此，罗尔夫·斯克尼迪尔说："我是'失败'的头号敌人，因为我从不轻易放弃任何一件事情与机会，所以也绝不会被失败打倒。"

曾操盘过蜂星电讯100亿资本的女杰李艳，在2003年4月加盟索尼爱立信移动通信产品（中国）有限公司，担任分销管理副总裁。当时，正是整个业界对索尼爱立信质疑最深的时候。这个由两个巨头组成的公司，在成立一年多的时间里，一直在低谷里徘徊。在进入索尼爱立信之后，李艳遇到了平生最大的挑战。就任之后，李艳对原有的索尼爱立信渠道进行了大刀阔斧的改革。

在产品划分上，以前的手机厂商往往按照颜色给分销商划分，而这一次李艳并没有这样做，而是分析两家总代在不同区域的实力强弱而赋予其不同地区的总代权。

此后，李艳将索尼爱立信的销售大区进行了重组，由原来分为中、南、西、北四个大区,转化为现在的南、中、北三个区,并将各大区和分销商的责任义务进一步明确。在终端奖励和促销上也由此更有所加强, 昔日代理商抱怨的渠道管理不善,"人人管事等于没人管事"的局面就此结束。

在2003年, 索尼爱立信终于推出了T618、P802这样带有索尼爱立信基因的、时尚精制的产品。改良后的渠道体系,与精美的产品相结合,让索尼爱立信打了一个漂亮的翻身仗。

面对挫折和失败,你需要重整旗鼓,乱中求变。在变的过程中一定会遇到很大的阻力。变有可能成功,也可能不成功,但成功就在你最后坚持的时候。你在怀疑自己的方法对不对的时候,已没有信心的时候,曙光就出现了。真的,坚持到最后一刻,成功就在向你招手了。

2. 危险往往孕育机会

遭遇逆境未必就不是好事,危险总是孕育机会,黎明前总是太黑。当你身处逆境,换个角度去思考,说不定就能发现暗藏在其中的机遇,坏事就从此改变了你的命运。正所谓祸福相依,没有绝对的好事,也没有绝对的坏事。机会不仅是给有准备的人，还是给那些在危机中看到机遇、善于开动脑筋的人。生活中的逆境，不一味抱怨，肯用心留意，时时皆机遇，处处有财富。

古埃及国王有一次举行盛大的国宴，厨工在厨房里忙得不可开交。一名小厨工不慎将一盆羊油打翻，吓得他急忙用手把混有羊油的炭灰捧起来往外扔。扔完后去洗手，他发现手滑溜溜的，特别干净。小厨工发现这个秘密后，悄悄地把扔掉的炭灰捡回来，供大家使用。后来，国王发现厨工们的手和脸都变得洁白干净，便好奇地询问原因，小厨工便把自己的事情告诉了国王。国王试了试，效果非常好。很快，这个发现便在全国推广开来，并且传到希腊、罗马。没多久，有人根据这个原理研制出流行世界的肥皂。

我们谁都不愿意失败，因为失败意味着以前的努力将付诸东流，意味着一次机会的丧失。不过，一生平顺，没遇到失败的人，恐怕是少之又少。所有人都存在谈败色变的心理，然而，若从不同的角度来看，失败其实是一种必要的过程，而且也是一种必要的投资。数学家习惯称失败为"或然率"，科学家则称之为"试验"，如果没有前面一次又一次的"失败"，哪里有后面所谓的"成功"？

全世界著名的快递公司DHL创办人之一的李奇先生，对曾经有过失败经历的员工是情有独钟。每次李奇在面试即将走进公司的人时，必定会先问对方过去是否有失败的例子，如果对方回答"不曾失败过"，李奇直觉认为对方不是在说谎，就是不愿意冒险尝试挑战。李奇说："失败是人之常情，而且我深信它是成功的一部分，有很多的成功都是由于失败的累积而产生的。"

李奇深信，人不犯点错，就永远不会有机会，从错误中学到的东西，远比在成功中学到的多得多。

另一家被誉为全美最有革新精神的3M公司，也非常赞成并鼓励员工冒险，只要有任何新的创意都可以尝试。即使在尝试后是失败的，每次失败的发生率是预料中的60%，3M公司仍视此为员工不断尝试与学习的最佳机会。

3M坚持的理由很简单，失败可以帮助人再思考、再判断与重新修正计划，而且经验显示，通常重新检讨过的意见会比原来的更好。

美国人做过一个有趣的调查，发现在所有企业家中平均有三次破产的记录。即使是世界顶尖的一流选手，失败的次数不比成功的次数"逊色"。例如，著名的全垒打王贝比路斯，同时也是被三振最多的纪录保持人。

其实，失败并不可耻，不失败才是反常，重要的是面对失败的态度，是能反败为胜，还是就此一蹶不振？杰出的企业领导者，绝不会因为失败而怀忧丧志，而是会回过头来分析、检讨、改正，并从中发掘重生的契机。

　　沮特·菲力说："失败，是走上更高地位的开始。"许多人之所以获得最后的胜利，只是受益于他们的屡败屡战。对于没有遇见过大失败的人，他有时反而不知道什么是大胜利。其实，若能把失败当成人生必修的功课，你会发现，大部分的失败都会给你带来一些意想不到的好处呢！

　　犹太人说，这世界上卖豆子的人应该是最快乐的，因为他们永远不必担心豆子卖不完。

　　犹太人为什么不怕豆子卖不完？

　　假如他们的豆子卖不完，可以拿回家去磨成豆浆，再拿出来卖给行人。如果豆浆卖不完，可以制成豆腐，豆腐卖不成，变硬了，就当作豆腐干来卖。而豆腐干卖不出去的话，就把这些豆腐干腌起来，变成腐乳。

　　还有一种选择是：卖豆人把卖不出去的豆子拿回家，加上水让豆子发芽，几天后就可改卖豆芽。豆芽如卖不动，就让它长大些，变成豆苗。如豆苗还是卖不动，再让它长大些，移植到花盆里，当作盆景来卖。如果盆景卖不出去，那么再把它移植到泥土中去，让它生长。几个月后，它结出了许多新豆子。一颗豆子现在变成了上百颗豆子，想想那是多划算的事！

　　一颗豆子在遭遇冷落的时候，尚有无数种精彩的选择，一个人更是如此。

　　人生总免不了要遭遇这样或者那样的失败，确切地说，我们每天都在经受和体验各种失败。有时候，我们甚至会在毫不经意和不知不觉之间与失败不期而遇。面对失败，我们又往往会采取习惯的措施和办法——或以紧急救火的方式扑救失败，或以被动补漏的办法延缓失败，或以收拾残局的方法打扫失败，或以引以为戒的思维总结失败……

　　条条道路通罗马。当我们失败时，如果能够静下心来，坦然面对，换一个角度去思考，那么在我们从另一个出口走出去时，就有可能看到另一番天地。

　　李铁是一个很有事业心的人，他在一家销售公司跟着老板一干就是5年，从一个刚毕业的大学生一直做到了分公司的总经理职位。在这5年里，公司逐渐成为同行业中的佼佼者，李铁也为公司付出了许多，他很希望通过自己的努力将企业带入一个更加成功的境地。然而就在他兢兢业业拼命工作的时候，李铁发现老板变了，变得不思进取、"牛"气十足，对自己渐渐地不信任，许多做法都让人难以理解。而李铁自己也找不到昔日干事业的感觉。

　　同样，老板也看李铁不顺眼，说李铁的举动使公司的工作进展不顺利，有点碍手碍脚。不久，老板把李铁解雇了。

　　从公司出来后，李铁并没有气馁，他对自己的工作能力还是充满了信心。不久，李铁发现有一家大型企业正在招聘一名业务经理，于是将自己的简历寄给了这家企业，没过几天他就接到面试通知，然后便是和老总面谈，最终顺利得到这份工作。工作大约一个月时间，李铁觉得自己十分欣赏该公司总经理的气魄和工作能力。同时，他也感到总经理同样十分赏识他的才华与能力。在工作之余，总经理经常约他一起去游泳、打保龄球或者参加一些商务酒会。

在工作中，李铁发现公司的企业图标设计相当繁琐，虽然有美感，但却缺乏应有的视觉冲击力，便大胆地向总经理提出更换图标的建议。没想到其实总经理也早有此意，总经理把这件事安排给他去完成。为了把这项工作做好，李铁亲自求助于图标设计方面的专业人士，从他们设计的作品中选出了比较满意的一件。当他把设计方案交给总经理的时候，总经理大加赞赏，立马升李铁为公司副总，薪水增加一倍。

是的，被解雇并不是一件坏事，李铁面对无情的解雇，凭借着才能找到了更适合自己的工作，而且得到了一位真正"伯乐"的赏识。

其实路就在脚下，被解雇了，我们并不用去计较，走过去，前面也许有更光明的一片天空在等着我们。

也许在人生低谷的你正为自己失业了而烦恼不堪。其实这于事无补，要相信上帝在关上一扇门的同时会打开另一扇窗户，机遇的诞生可能就在这一切发生之时。

3. 乐观本身就是一种成功

成功学大师拿破仑·希尔曾为我们讲述了这样一个故事：

塞尔玛陪伴丈夫驻扎在一个沙漠的陆军基地里。丈夫奉命到沙漠里去演习，她一个人留在陆军的小铁皮房子里，天气热得受不了——在仙人掌的阴影下也有华氏125度。她没有人可谈天——身边只有墨西哥人和印第安人，而他们不会说英语。她非常难过，于是就写信给父母，说要丢开一切回家去。她父亲的回信只有两行，这两行信却永远留在她心中，完全改变了她的生活：

两个人从牢中的铁窗望出去，一个看到泥土，一个却看到了星星。

塞尔玛一再读这封信，觉得非常惭愧，她决定要在沙漠中找到星星。

塞尔玛开始和当地人交朋友，他们的反应使她非常惊奇，她对他们的纺织、陶器表示兴趣，他们就把最喜欢但舍不得卖给观光客人的纺织品和陶器送给了她。塞尔玛研究那些引人入迷的仙人掌和各种沙漠植物，又学习了有关土拨鼠的知识。她观看沙漠日落，还寻找海螺壳，这些海螺壳是几百万年前这沙漠还是海洋时留下的……原来难以忍受的环境变成了令人兴奋、留连忘返的奇景。

沙漠没有改变，印第安人也没有改变，是什么使塞尔玛发生了这么大的转变呢？是她的心态，是她对生活的一种热情。重燃的生活热情使她把原先认为恶劣的情况变为一生中最有意义的冒险。她为发现新世界而兴奋不已，并为此写了一本书，以《快乐的城堡》为书名出版了。她从自己的牢房里看出去，终于看到了星星。

"一个人如果缺乏热情，那是不可能有所建树的。"作家拉尔夫·爱默生说，"热情像浆糊一样，可让你在艰难困苦的场合里紧紧地粘在这里，坚持到底。它是在别人说你'不行'时，发自内心的有力声音——'我行'。"

麦当劳的老板克罗克的故事很好地说明了这一点。

克罗克一出生，就与一个本来可以发大财的时代擦肩而过——西部淘金的运动结束了。而正当他准备上大学时，又迎来了1931年的美国经济大萧条，他不得不顺从囊中羞涩的现实，辍学去搞房地产。可房地产生意刚有起色，第二次世界大战又打起来了。人们都只顾逃命，哪有心思买房？于是房价急转直下，克罗克又是竹篮打水一场空。这以后，他到处求职，曾做过急救车司机、钢琴演奏员和搅拌器推销员，但似乎一切都不顺，不幸几乎就没离开过克罗克。

尽管如此，克罗克仍是热情不减，执着追求，毫不气馁。

1955年，在外面闯荡了半辈子的他空手回到了老家。在卖掉了家里的一份小产业后，克罗克开始做生意。这时，他发现迪克·麦当劳和迈克·麦当劳开办的汽车餐厅生意十分红火。经过一段时间的观察，他确认这种行业很有发展前途。当时克罗克已经52岁了，对于多数人来说这正是准备退休的年龄，可这位门外汉却决心从头做起，到这家餐厅打工，学做汉堡包。后来，他毫不犹豫地借债270万美元买下了麦氏兄弟的餐厅。经过几十年的苦心经营，麦当劳现在已经成为全球最大的以汉堡包为主食的快餐公司，在全世界拥有7万多家连锁分店，年销售额高达近200亿美元，克罗克也被誉为"汉堡包王"。

生活处处有磨难，关键在于你用怎样的心态去面对。拿破仑·希尔说，一个人能否成功，关键在于他的心态。成功人士与失败人士的差别在于成功人士有积极的心态和高昂的热情，正因为克罗克拥有热情的心态，才使得命运瑰丽多彩。

印度有一个古老的故事。佛祖为了消除人们的疾苦，就从人间选了100个自以为最痛苦的人，让他们把自己的痛苦写在纸上。写完后，佛祖说："现在，请你们把手中的纸条相互交换一下。"

结果，这100个人交换看了别人的纸条之后，个个都非常惊奇。

过去,总以为自己是最"不幸"的人,现在才知道很多人比自己更痛苦,还有什么消沉的理由呢?一切事物都有两面性,问题在于我们自己怎样去审视,怎样去选择。面对太阳,你眼前是一片光明;背对太阳,你看到的是自己的影子。

乐观本身就是一种成功,培养乐观之心,凡事多往好处着想,这是心理健康的前提,也是幸福人生的关键之一。

4. 没有任何才能不需要学习

没有人能只依靠天分成功。上帝给予了天分,勤奋将天分变为天才。没有任何才能不需要学习,不需要后天的坚持和奋斗。

中国近代史上的风云人物曾国藩建立了自己的不朽功业,但他的天赋却不高。在取得功名之前,有一天曾国藩在家读书,一篇文章重复不知道多少遍了,还是背不下来。这时候他家来了一个小偷,潜伏在他家的房梁上,希望等曾国藩睡觉之后再行动。可是等啊等,就是不见他睡觉,还是翻来覆去地读那篇文章。小偷大怒,跳下梁来说:"这种水平还读什么书?"然后将那文章背诵一遍,扬长而去!

　　小偷是很聪明，至少比曾先生要聪明，但是他只能成为小偷，而曾国藩经过自己的勤奋苦读，成就了自己在中国历史上的丰功伟业。伟大的成功和辛勤的劳动是成正比的，有一分劳动就有一分收获，日积月累，从少到多，奇迹就可以创造出来。

　　对一个人来说，才能的养成需要后天的勤奋学习。对一个企业来说，它的竞争力和优势同样在于不断地学习。

　　通用电气公司（GE）能成长为一家世界顶级的企业，靠的就是不断地学习，不断地以全球公司为师。

　　在韦尔奇执掌GE的20年里，GE的发展达到了很高的高度，但韦尔奇却一直强调GE是一个无边界的学习型组织，一直以全球的公司为师。他经常强调说："很多年前，丰田公司教我们学会了资产管理；摩托罗拉推动了我们学习六西格玛管理；思科和Trioloy帮助我们学会了数字化。这样，世界上商业精华和管理才智就都在我们手中，而且，面对未来，我们也要这样不断追寻世界上最新最好的东西，为我所用。"

　　GE之所以能成为赫赫有名的"经理人摇篮""商界的西点军校"，能有超过三分之一的CEO都是从这家公司中走出，除了严格的人才淘汰体制，最重要的就是这种无边界的学习型组织。在这样的组织下，每一个经理人无时无刻不在自觉地精心雕刻自己，从专业知识到职业技能，从管理手段到说话方式，从画好一张表格到接好一个电话、写好一封电子邮件，到日常生活的一点一滴，目的是随时能够接受更高的挑战。正是因为坚持不断的学习，才使GE能以最好的姿态和实力去迎接市场的挑战，从而创下了连续20年盈利的辉煌。韦尔奇的这些管理原则，不但使GE成为强大而备受尊敬的公司，也为管理界留下了很好的典范。

在竞争越来越激烈的市场环境下，一个企业只有不断地接收新的资讯、技术和管理理念与方法，才能保持常长常新，保证取得竞争的胜利。而要做到这一点，不断地学习是最重要和最佳的途径。

据权威机构统计，目前美国排名前25家企业中，有80%按照"学习型组织"的模式在改造自己；世界排名前100家的企业中，有40%按"学习型组织"的模式在进行彻底的改造。在它们中间，英国最大的汽车制造厂商Rover做得尤为出色。

20世纪80年代晚期，Rover陷入了自己发展的困境之中：内部管理混乱，产品质量江河日下，劳资矛盾恶化，员工士气低落，每年的亏损超过一亿美元。在许多人看来，公司的前景一片黯淡。而仅仅是几年之后，Rover摇身一变成为了全球最富生命力的汽车制造厂商之一，汽车全球销量几乎扩大了一倍，产品的质量也极为优异，几乎囊括了业界所有的质量奖。它的豪华系列车型一跃成为新的"马路之皇"，而Rover600则跻身世界最畅销的汽车排行榜。在北美和亚洲，其产品供不应求，到1996年，年产汽车达到500多万辆，销往全球150多个国家和地区，年销售额超过80亿美元。在全球汽车市场刚刚复苏的1993-1994年，Rover的销售额竟增长了16％！不仅一举扭转了巨额亏损，而且盈利颇丰，人均创收增长了4倍！与此同时，员工的满意度和生产率也创历史新高，并且持续高涨。这与几年前的境况简直判若两人，为什么？

Rover重振雄风的秘诀，就在于公司领导层致力于让公司成为学习型组织的努力。20世纪80年代末期，格林汉·戴维被任命为Rover集团董事会主席。上任伊始，他就深切地感受到全球汽车业动荡的环境给Rover带来的巨大压力：日益激烈的全球竞争、新技术日新月异、高素质人才的匮乏以及顾客对产品的挑剔等等。戴维和其他高层管理者认为，面对群雄纷争的全球汽车市场，Rover这只小鱼如果游不快，就会葬身鱼腹。因此，只有奋力拼搏，才有望在激烈的市场竞争中得以生存和发展。凭着对企业的透彻了解和远见卓识，戴维先生认为，除了成为学习型组织，不断充实和更新自己外，Rover别无选择。正是在戴维的领导之下，Rover对旧体制进行了彻底的改造，使公司一变而成为了全新的学习型组织，从而实现了自己业绩的飞跃。

根据有关机构的统计研究，大型企业的平均寿命不及40年。总结正反两方面的经验，人们发现，大部分公司失败的原因在于组织学习的障碍，这严重妨碍了组织的学习及成长。对一个企业来说，在竞争激烈的市场中，比竞争对手学得更快的能力是惟一持久的竞争优势，只有在学习中，才能全面提升竞争力，建立市场优势，才能立于不败之地。

5. 不断超越自己，你终能取得成功

每个人都有一定的安全区，你想跨越自己目前的成就，就不要划地自限。只有勇于接受挑战充实自我，你才会超越自己，发展得比想象中更好。

有个生活非常潦倒的销售员，每天都埋怨自己"怀才不遇"，命运在捉弄他。圣诞节前夕，家家户户张灯结彩，充满佳节的热闹气氛。他坐在公园的一张椅子上，开始回顾往事。去年的今天，他孤单一人，以酗酒度过了他的圣诞节，没有新衣，也没有新鞋子，更甭谈新车子、新屋子了。

"唉！今年我又要穿着这双旧鞋子度过圣诞了！"说着准备脱掉穿着的旧鞋子。

这个时候，他看见一个年轻人自己滑着轮椅走过，他立即顿悟：

"我有鞋子穿是多么幸福！他连穿鞋子的机会都没有啊！"

经过这次顿悟，这位推销员蜕掉了自己萎靡不振的一层皮，从此脱胎换骨，发奋图强，力争上游。不久，他就因为销售成绩显著而多次得到加薪。最后，他又开办了自己的销售公司，并最终成为了一名百万富翁。

面对挫折，面对沮丧，我们需要坚持。看不见光明、希望，却仍然孤独、坚韧地奋斗着，这才是成功者的素质。只有这样，我们才能超越自己，成就自己。

爱迪生研究电灯时，工作难度出乎意料的大，1600种材料被他制作成各种形状，用做灯丝，效果都不理想，要么寿命太短，要么成本太高，要么太脆弱，工人难以把它装进灯泡。全世界都在等待他的成果。半年后人们失去耐心了，纽约《先驱报》说："爱迪生的失败现在已经完全证实，这个感情冲动的家伙从去年秋天就开始电灯研究，他以为这是一个完全新颖的问题，他自信已经获得别人没有想到的用电发光的办法。可是，纽约的著名电学家们都相信，爱迪生的路走错了。"爱迪生不为所动，继续着自己的实验。英国皇家邮政部的电机师普利斯在公开演讲中质疑爱迪生，他认为把电流分到千家万户、还用电表来计量，是一种幻想。爱迪生继续摸索。人们还在用煤气灯照明，煤气公司竭力说服人们：爱迪生是个吹牛不上税的大骗子。就连很多正统的科学家都认为他在想入非非，有人说："不管爱迪生有多少电灯，只要有一只寿命超过20分钟，我情愿付100美元，有多少买多少。"有人说："这样的灯，即使弄出来，我们也点不起。"他毫不动摇。在进行这项研究一年之后，他终于造出了能够持续照明45小时的电灯，完成了对自己的超越。

经过自己的坚持和努力，爱迪生不但促成了自己的蜕变，牢牢树立了自己在世人心目中伟大的发明家地位，而且促成了人类生活方式的一次大变迁。正是因为有了他的这项发明，人类才真正进入了电气时代。

对自己或对工作不满的人，首先要把自己想象成理想中的自己，并且拥有极好的工作机会，再假定现在的自己和工作就和想象的一样，再采取行动。如果耐心地进行这种自我改造，就能发挥个性中本就具有的强大的精神力，使自己和工作完全按照理想的样子发生改变，从而取得成功。

6. 可以输掉竞赛，不能输掉自信

自信，一生都需要，不能一时有一时无。但是，人生旅途有一场接一场的比赛，输赢都是难免的。赢了，自信很容易建立和恢复；输了，自信也很容易削弱、甚至丧失。然而，下一轮比赛即将开始，更需要挺起自己的脊梁，需要勇敢地面对新一轮的竞赛。

可以输掉几场竞赛，却不能输掉自信。

有一个人文化程度不高，失业了，看到微软招清洁工的信息，就去应聘。经过面试和实际操作测试，表现不错，人事部门告诉他被录取了，向他要email邮箱，以寄发录取通知和其他的文件。

他说："我没有电脑，更别提email邮箱了。"人事部门告诉他："对微软来说，没有email的人等于不存在的人，所以微软不能用。"

他很失望，但是没办法，只好离开微软。出来之后，口袋里只有10美元。为了继续活下去，他到便利店去买了10公斤的马铃薯，然后在附近挨家挨户去推销。两个钟头后，10公斤马铃薯被他卖光了，获利100%。

随后他又做了好几次这样的生意，把本钱也增加了一倍。他发现，这样可以挣钱养活自己，于是，他认真地做起这种生意来。运气加上努力，他的生意越做越大，还买了车，雇了员工。5年后，他建立了一个很大的挨家挨户贩售公司，提供人们只要在自家门口就可以买到新鲜蔬菜瓜果的服务。

生意成功后，他考虑到为家人规划未来，于是计划买一份保险。签约时，业务员问他要email邮箱。他再次说出："我没有电脑,更别提email邮箱了。"

业务员很惊讶:"您有这样一个大公司,却没有email? 想想看,如果您有电脑和email,可以做多少事! "

他说:"如果有电脑和email,我会成为微软的清洁工。"

输了一次不等于接着再输,一个方面输了不等于满盘皆输。只要你挺起自己的脊梁,勇敢地面对现实,认真地思考,积极地行动,就能在新一轮的竞赛中赢得胜利,甚至收获更多。

我们生活在一个充满竞争的时代,人类社会是一个全能竞技场,每个人都是这个竞技场上的运动员。不管你愿不愿意,一项接一项的竞赛免不了。既然是竞赛,就有输有赢,争取赢避免输,力争不败,这是每个人的愿望。不过,胜败乃兵家常事,每个人都会有输的时候。在一些竞赛中输了,败下阵来,实属平常,没有谁永远是全胜将军。

输了一项比赛,甚至连输几场,不可怕,人生的竞技场上还有无穷无尽的竞赛项目,还有翻身的机会,还有胜多输少的可能。而且,与体育赛场不同的是,在人生竞技场上,即使你以前多个项目都失利,只要在一个重要项目上获胜,你就是胜利者,是赢家。更重要的是人生竞技场上的竞赛项目不是固定的,也不是都由别人决定的,你可以为自己创造全新的竞赛项目,自己率先做新项目的冠军。

就像上个故事里的主人翁,不懂电脑,跟不上时代的步伐,没有现代通讯的基本工具,因此失去了一次在微软就业的机会。但是，他找到了不需要有email邮箱的机会，创造了一个新项目，自己当冠军，得到了很好的回报。这份回报，比他进入微软做清洁工的回报要大很多。

尺有所短，寸有所长。在人生的竞技场上，每个人都有自己的强项和弱项。在某个方面弱不等于其他方面不强，在一项大赛中输了，不等于遇不到自己的强项，不等于下一项比赛也无力战胜对手。

考场上输了，没有考上一流大学，不等于在大学的学业上就会输给在一流大学的同龄人。只要大学期间认真学习，不虚度光阴，不沉迷在虚拟世界里，毕业的时候就不会在学业上输给其他人。

学历不高，在学习的赛场上输了，不等于在职场上也会输。事实上，学历不等于学力——学习的能力，更不代表能力。只要保持自信，找到适合自己的岗位，积极敬业，就会在职场上顺畅发展，不会输给学历高的人。

在一家甚至多家公司求职应聘的时候输了，没有被录用，不等于你的下一次也会被拒绝。每家机构需求不同，重视的不同，主考官的眼光不同。只要保持自信，认真做好准备，寻找到合适的岗位，恰当地展示自己的亮点，就会有人发现你的价值，找到合适的工作。

一份工作没有做好，工作业绩不高，被辞退了，在职场上输了一局，不等于你下一份工作也做不好。只要保持自信，在合适的岗位上踏实勤勉，把自己的才华更好地施展出来，就能取得出色的业绩，赢得赞赏和奖励。

一个女孩拒绝你，情场上输了一局，不等于另一个女孩也会拒绝你。只要保持自信，积极寻找缘分，找到懂得欣赏你的人，付出真爱，就会赢得芳心。

一个创业项目失败了，商海里输了一局，不等于你再去创业还会输。只要保持自信，理性地分析，尽量避开风险，抓住合适的机会，坚持不懈地努力，就会有丰硕的收获，创造出非凡的大业。

东边日出西边雨，东方不亮西方亮。每一块土地都有适合的种子，每一粒种子都有适合的土地，无论是大自然还是人类社会，都是这样。人生竞技场上输了几场比赛并不可怕，也不等于失败。输了信心，精神脊梁没了，最可怕，也是最大的失败。

不要被"输"削弱你的自信，更不要被"输"摧毁你的自信！保持自信，继续挺起自己的精神脊梁，勇敢地面对新一轮的竞赛、争取新一轮的竞赛，创造新一轮的竞赛。这是以后获胜的前提。否则，只会一败再败，输得一塌糊涂，只剩一生惨淡了。

当你遭遇一次"输"的时候，别趴下，告诉自己："弱项输了，还有强项，赢的机会在等待我。"然后轻装上阵，去迎接、去寻找新一轮的竞赛。

7. 说"难"前，先问自己是否竭尽全力

遭遇挫折并不可怕，可怕的是因挫折而产生的对自己能力的怀疑。只要精神不倒，敢于放手一搏，就有胜利的希望。但是很多人在困难面前，还没有付出自己最大的努力，便急忙放弃，觉得自己不行。然而，只要你有一颗战胜困难的心，就没有什么难的。在说一件事情难之前，我们首先应该问问自己，已经竭尽全力了吗？

很多时候，我们之所以说一件事情很难，往往是因为我们并没有尽到自己最大的努力！虽然我们嘴上说自己已经"尽力"了，但那不过是我们不愿吃苦而自欺欺人的假话；之所以说难，其实只是自己没有足够的勇气去战胜困难而已。

在面对眼前的困难时，先把"不可能"放到一边，只想自己是否真的竭尽全力。学会想尽一切办法、尽一切可能去解决问题。世界上没有不能解决的问题，天大的问题都会解决，世上无难事，只怕有心人；亦没有天大的困难，只有面对困难时的畏难不前。

遇到困难就拿出自己百分百的努力来解决，不要给自己的人生打折扣，如果在面对困难的时候打折扣，那么你的成功也会打折扣。

24岁的海军军官卡特，应召去见将军海曼·李科弗。将军让卡特挑选任何他愿意谈论并且擅长的话题，然后将军再和卡特去讨论，结果每次将军都将他问得直冒冷汗。卡特这才发现自己懂的实在是太少了。在谈话结束的时候，将军问他在海军学校的学习成绩怎样，卡特立即自豪地说："将军，在820人的一个班中，我名列59名。"将军皱了皱眉头，问："为什么你不是第一名呢，你竭尽全力了吗？"此话如当头一棒，影响了卡特的一生。此后，他做任何事情都竭尽全力，后来成为了美国总统。

士光敏夫是影响日本经济界的人物之一。他在重整东芝公司时，遇到了资金不足的困难。因为当时正处于战后时期，要筹到足够的资金简直难于登天。别说是筹到足够的资金，就是一小部分的启动资金也是不可能的。他去银行申请贷款，但银行部长却对他爱答不理。经过他不断的努力，部长的态度比以前好些，但对贷款的事情却绝口不提。

但是时间不会停止等待他去筹钱，如果在两天内仍然没有资金投入，那么公司将不得不全线停工。士光敏夫想了很久，终于决定破釜沉舟，要想尽一切办法迫使部长答应。他让秘书给他拿来一个大包，在街上买了两盒盒饭放在里面，然后提着赶到银行。一见部长，他就开始跟部长谈，希望给他贷款，但对方仍是不答应。双方又展开了一场舌战，不知不觉已经到了下午下班的时间。部长一看下班了如释重负，提起公文包准备回家吃饭。不料士光敏夫却从袋子里拿出盒饭说：

"部长先生，我知道你工作辛苦了，但是为了我们能够长谈，我特意把饭准备了。希望你不要嫌弃这寒酸的盒饭。等我们公司好转后，我们会再感谢你这位大恩人。"面对士光敏夫这样的执着，部长真是无可奈何，但也正是因为他的这份坚毅，他的竭尽全力，部长最终批准了他的贷款申请。

竭尽全力到底是什么？

竭尽全力，就是不给自己任何敷衍和偷懒的借口，让自己经受生活最大的考验。

难，是我们用来拒绝努力的惯用理由。事实上，问题真的是那么难解决吗？关键的一点，就是先把"不可能"的想法放在一边，而只想自己是否完全尽力，是否想尽了一切办法，尽了一切可能。如果将心灵的焦点对准"难"，那么大脑也会随后找出千万个理由，证明真的很"难"，人就很容易屈服，面对如此"难"的问题，很自然地就产生畏惧心理，畏惧使人无法冷静地应对问题，甚至导致行动的瘫痪。

所以当你面对困难的时候，先不要问难不难，而要想自己是否尽了最大努力，这样你就会把注意力集中在尽力挖掘自己的潜能上，这样反倒更容易解决问题。

8. 切莫在别人的思想里迷失自己

没有思想，没有主见的人在生活中很容易吃亏上当，在工作中不容易做出成果，因为这样的人永远都是"任人摆布"，你说什么，我就做什么；你说怎么做，我就怎么做；你说不做，我就不做，不知不觉就把自己的一生交付给了别人。

一个小男孩，很想当画家，却一点主见都没有，而且还不自信。每画完一张画，他都要问家人，画得怎么样，哪些地方需要修改。这天，他又完成了一幅有山、有水、有屋子的画，拿给家人看。

爸爸看了他的画，遗憾地说："哦，画得有点僵硬。应该把房子的颜色改成白色，那样会显得高贵一点。"男孩听了，就按照爸爸的意见做了修改。

然后，他又把画拿给妈妈看，妈妈看完，抚摸着他的头说："颜色太单调的东西没人爱看，你应该改得艳丽一点。"男孩又采纳了妈妈的意见。

当哥哥看到他的画的时候，建议道："我爱看抽象画，不如把你的画改得更加抽象一点吧！"男孩赶紧按哥哥的意见改成了抽象画。

当男孩把画拿给姐姐看的时候，姐姐惊叫起来："你拿张被染料弄脏的破纸给我干吗？别弄脏了我的衣服！"

男孩摸摸脑袋，怎么也想不明白，明明是一幅有山、有水、有屋子的画，怎么就变成一张脏纸了。

男孩把所有的时间都用在采纳别人的意见上，他想采纳别人的意见让自己的画更完美，可遗憾的是，偏偏每个人的意见都不同。别人的意见不仅没有帮助他得到提升，反而让他好好的一幅画变成了废纸。一味听信别人，让他丧失了自己。他能成为一个画家吗？当然不能！

想一想，你是否也跟这个男孩一样，没有自己的思想……好不容易找到了一份自己喜欢的工作，因为朋友一个鄙夷的眼神，便对工作失去了信心；好不容易结交到一个心仪的朋友，就因为父母一句不满意的话，结果断送了一桩美好的姻缘。

可能你会说："我也想自己拿主意，有自己的主见，可是我真的很害怕选择失误，怕做错事，那样的话，还不如听别人的意见呢。"

当然，别人的意见能让你全方位、客观的认识问题，采纳他人建议也未尝不是一件好事。只不过，如果每次一遇到事情就依赖别人，自己主动放弃发言权和决策权，久而久之，你就会变成一个没有主见、受别人意见摆布自己命运的人。

一家公司有一位调车人员尼克，他工作相当认真，做事也很负责尽职，不过他有一个缺点，就是他对人生很悲观，常以否定的眼光去看世界。有一天，铁路公司的职员都赶着去给老板过生日，大家都提早急急忙忙地走了。不巧的是，尼克不小心竟被关在一辆冰柜车里。

尼克在冰柜里拼命地敲打着、叫喊着，全公司的人都走了，根本没有人听得到。尼克的手掌敲得红肿，喉咙叫得沙哑，也没人理睬，最后只得绝望地坐在地上喘息。

他越想越可怕，心想，冰柜的温度在零下20度以下，如果再不出去，一定会被冻死。他只好用发抖的手，找来纸笔，写下遗书。

第二天早上，公司里的职员陆续来上班，他们打开冰柜，发现尼克倒在里面。他们将尼克送去急救，但他已没有生还的可能。大家都很惊讶，因为冰柜里的冰冻开关并没有启动，这巨大的冰柜里也有足够的氧气，而尼克竟然给"冻"死了！

其实尼克并非死于冰柜的温度，他是死于自己心中的恐惧，因为他根本不敢相信一向不能轻易停冻的冰柜车，这一天恰巧因要维修而未启动制冷系统。他的不敢相信使他连试一试的念头都没有产生，他当时完全没有做回自己，他所想到的全是别人在同样的情况下所得到的后果。

有一名佛教信徒遇到了难事，便去寺庙求拜观音菩萨帮助，可他发现观音菩萨也跪在那里。他感到很困惑：为什么她要拜她自己呢？观音说："因为求人不如求自己！"观音一句简短的话蕴含了不少的人生道理。成功的个性是坚持依靠自己，拒绝依靠他人。除了你自己，谁也不能对你负责。

要做一个自己拿主意的人，其实很简单，如果你尝试做到下面这些，你就会得到改变：

（1）相信自己能做好决定

主见，其实是一种相信自己能力和自己选择的自信心理。一个人连自己都不相信的时候，很容易被别人一句话打倒，害怕做出错误的判断和决定，所以让别人去决定。有时候，你之所以不相信自己的能力，是因为你太相信别人的能力。其实，只要你按自己的想法做了，不一定会比别人差。

（2）有独立思考和判断的能力

养成自己思考的习惯，不要随意附和别人，别人的意见只能供你参考。一些比较懒惰的年轻人，不爱思考，有问题就直接上Google、百度，找不出参考资料就写不出文章，没有参考答案就做不出决定。因为不想费神思考，久而久之，就形成了一种依赖思想。这时候，别人的思想不仅没有帮到你，反而限制了你的思维。

除此之外，也不要让自己的思想受到习惯思维模式的束缚。

（3）大胆地承担失败的后果

很多人之所以没有主见，并不是他能力不够，而是他害怕承担失败的责任，做事患得患失。他们往往抱有这样的心理：与其做了错误的决定后遭人指责，还不如开始就让贤。可能有很多事你做得不如别人好，这没关系，只要你认真做了，只要你比昨天做得好，就该为自己喝彩，为自己加油鼓掌。否则，你永远体会不到成功后的喜悦。

第七章

去爱吧！
就像从不曾受过伤一样

1. 用优秀的自己去追逐爱情

正如很多人都懂的一个道理：机遇往往是留给有准备的人。爱情也是一样的。

每个人都想要自己的另一半足够优秀，但是，在此之前还是先看看自己，看看自己是不是能够配得上对方的好。否则，就算我们的生活中出现了这样优秀的人，也未必抓得住，最后的结局只会是擦肩而过，成为匆匆过客。

如果有幸与这样优秀的人结识，相知相恋相爱，这应该是最完美的事儿了吧。但是倘若我们不够优秀，和对方差距甚大，我想我们的内心必是不安的，深怕得到了却无力去经营，这样的感觉远比不曾得来的更痛苦。

　　如果你是一个卖火柴的小女孩，那么只能有买火柴的顾客来。但是，当你是公主时，自然就是王子来。你是什么样的人，就会遇到什么样的人。所以，在爱情来临之前，不妨先让自己足够优秀，花香自有蝴蝶来。

　　一位年轻漂亮的女士在网上发帖说想要嫁一个年薪50万美元以上的人，向网友征询怎样才能嫁给这样的有钱人。

　　华尔街的一位金融家在他的回帖中这样写道：

　　"从生意人的角度来看，跟你结婚是个糟糕的决策，道理再明白不过，请听我解释。抛开细枝末节，你所说的其实是笔简单的"财"和"貌"的交易：甲方提供迷人的外表，乙方出钱，公平交易，童叟无欺。但是，你的美貌会随着时间消逝，而我的钱却不会无缘无故的减少。事实上，我的收入一直足年增加，而你却不可能一年比一年漂亮！

　　因此，从经济学的角度来讲，我是增值资产，你是贬值资产……你现在25岁，在未来的5年里，你仍可以保持苗条的身材，俏丽的容貌，虽然每年只是略有退步，但美丽消失的速度会越来越快！如果它是你仅有的资产，十年后，你的价值堪忧……

　　年薪能超过50万美元的人当然都不是傻瓜，因此我们只会和你交往，但不会跟你结婚。所以我劝你不要苦苦寻找嫁给有钱人的秘方。不过，你倒可以想办法把自己变成年薪50万的人，这比碰到一个有钱的傻瓜的胜算要大得多！"

有哪一位成功男士背后的女人是没有智慧的头脑，没有高贵的气质、没有强大的气场，没有良好的家庭，没有优秀的教育背景的? 不要总是想着好男人、优秀的男人会主动"投怀送抱"，想要赢得他们的尊重、赢得他们的好感，就一定要先让自己足够优秀，足够与他并肩走。

中国自古就有"门当户对"之说，即使在社会风气开明的今天，这句话也并不过时。不管是爱情还是婚姻，都需要两个人在各方面达到一个平衡对等的状态。在现实生活中我们也不难找到两个差距太大的人结婚的例子，但是他们的婚姻往往并不幸福，王子和灰姑娘的故事毕竟只是童话故事。

《简爱》中的女主人公是个孤女，相貌平平，不漂亮也没有任何背景，但在自己的努力下却遇到了自己的真爱，嫁给了罗切斯特先生。尽管两人历经磨难，但最终还是有情人终成眷属，圆满了。

如果没有简的努力和坚持，仅凭她的相貌是不可能得到罗切斯特先生的青睐的。她也是靠着自己的努力和坚持，由一个固执的小姑娘长成一个优秀的女孩，会弹琴、会画画，还是个有主见的人，关键是她靠自己的双手养活了自己，而且后来还因为继承了一笔遗产变成一个富有的人。

　　只有当我们有了足够优越的资本时，嫁一个好男人也就自然成了顺水推舟的事情，指日可待。要记住，爱情不是偶像剧，只有社交能力强、对事业投入，又为人正直、富有同情心，无论是独处还是与许多人在一起都能怡然自得的女人才更容易吸引优秀男人的目光。

　　优秀是一种习惯，我们不能仅仅要求对方足够优秀，更应该提高自身素质，让自己也变得优秀起来，吸引越来越多人的目光。在以高标准、严要求的标准来挑选自己未来的另一半时，也要以同样的标准来要求自己。这不仅仅是为了我们所爱的人，也是为了让自己更加完美。

　　所以，不要再怨天尤人了，我们应该让自己优秀起来！就算现在没有高薪工作，但是你一样可以过得好。没有人陪你，但是还有奋斗陪你，还有进取陪你，当然还有你的理想陪你。在没有遇到爱情之前，请把最好的年华留给自己。

　　正如很多人都懂的一个道理：机遇往往是留给有准备的人。爱情也是一样的，爱情也会在我们准备得足够优秀的时候，悄悄来敲门，来到我们的身边。

2. 感情是慢慢培养出来的

有些人总想碰见个完美的爱人，一见倾心，再见倾身，万事妥帖，恩爱白头。而事实往往是，一见钟情，再而烦，三而厌，反而是那些日久生情的配偶，比较经得起时间的考验。乍见之欢不如久处不厌。

不要迷信一见钟情。第一眼看到对方，就爱上对方的，大多只是暂时迷上了对方的外在。这种美丽的遇见是存在一定的风险的，由于没有经过长久的相处，不了解对方的内在，这样的感情终究不会也太不稳固。如今闪恋闪婚已成潮流，然而伴随这种潮流一起到来的还有闪分和闪离。

这世上不仅有外在令人惊羡的帅哥美女，更多的是内在让人倾慕的男人女人。

人不可貌相，海水不可斗量，我们不能凭借初见时的外貌印象来判决一份感情。倘若这个人不是什么吃喝嫖赌、坑蒙拐骗之徒，不妨多给对方一些时间，多进行接触和了解，经过一段时间的相处，再作决定也不迟。或许你与一个人初次见面时，他的形貌平平丝毫不能引起你的兴趣，但是这并不排除经过长时间的相处和了解，你会对他产生情愫的可能。

在电影《一吻巴黎》中，年轻漂亮的娜塔莉与弗朗索瓦一见倾心，两人结婚7年依然处于热恋的状态。然而不幸的是，弗朗索瓦意外丧命于车祸，这让娜塔莉顿时由天堂堕入地狱，从此，每天都如行尸走肉一般，用拼命的工作麻痹这自己。后来公司来了一位瑞士同事马库斯，两人性格水火不容，日常工作中也是摩擦不断，但也正是互相之间的碰撞让他们逐渐对彼此产生了爱的情愫，这段美好的爱情也唤醒了娜塔莉生活的欲望和感受爱的能力。

看过《潜伏》的朋友们都知道，剧中人物余则成是一位地下工作者，在日本投降后潜伏在国民党军统局中。为了工作需要，组织上派来假夫人翠平，但两人在长期相处下，弄假成真，成了真正的夫妻。虽然最后的结局是两人各奔东西，但两人之间的感情却是不能被抹杀掉的。

与"一见钟情"相对的是"日久生情"，日久生情的两个人，或许在一开始的时候并没有对对方产生脸红心跳的感觉，只是在一起的时间长了自然就产生了感情。这个时候双方对彼此都有了比较深入的了解，被对方的优点所吸引，同时也能容忍对方的那些缺点，这样的感情相对来说才是比较长久的。

在古代，男女双方结婚前连对方的面都没见过，但也传出了不少轰轰烈烈的爱情故事。反观先恋爱后结婚的现代社会，离婚率却越来越高，"闪婚族"往往也会沦为"闪离族"。如果我们把爱情比作美食，"一见钟情"的爱情就像一份快餐，只能让人满足一时的口欲，保持一时的新鲜感，当人们意识到它无法提供自身所需要的营养时，自然会选择放弃；而"日久生情"的爱情就像是一份老火靓汤，经过长时间的细火慢炖，不仅营养丰富，而且回味无穷。

　　小文是一个很普通的女孩，没有出众的相貌，没有非凡的才华，家世也很一般，但她却有一个非常帅气的男友。

　　起初是小文先暗恋着这个男孩的，基于女孩原本的羞涩，她并没有向男孩表白。时间长了，这个男孩感觉女孩一直在关心着自己，直到有一天这个男孩感觉到，没有了这个女孩的关心生活好像没有了意义。自从跟男孩相处后，女孩像换了一个人，交际广了，朋友多了，灰暗的生活也有了阳光。

　　后来男孩娶了小文，虽然她不算漂亮，但是她带给男孩真实的生活。当小文问男孩："你为什么不选择比我更漂亮的女孩呢？"男孩回答道："漂亮的外表是经不起时间的摧残的，假如你老了，我不喜欢你了怎么办呀，我要的是现实，不是虚无的东西。"

　　结婚后，事实跟男孩的预料是一样的。生活中的小文是一个非常懂得经营爱情的人，她用自己的聪明和智慧把两个人的感情经营得很好，当然生活中也有一些不开心的事情，但是小文总会用一些好的方法巧妙地处理，不仅不会伤害对方，而且给生活增添了不少乐趣。小文是聪明的、有智慧的，当然不是耍小聪明而是用心去做，理解对方，懂得为对方考虑。这让他的先生很是感动。

对于外表不要用自己太多的有色眼光去看，自己是要找一个伴侣，找一个在自己伤心时安慰自己、在自己失意时鼓励自己、在自己有成就时比自己还高兴的人一起生活，如果只是寻求那些第一眼就觉得漂亮或帅气的人，却不在意他们的内在，这样的人，在以后的生活中他们不一定会分担你的喜怒哀乐。

人们常说："和一个爱你的人在一起生活会比和一个你爱的人一起生活，更容易获得幸福。"如果两个人在结婚前并没有那么深刻的感情，那也没有关系，我们可以通过婚后生活的一些小细节，让彼此的感情升温。

感情中双方要学会"求同存异"，两个人生活在一起，脾气性格、生活习惯和爱好不可能完全相同，非要把自己的标准强加给对方，只会引起对方的反感和不满，"大事求同，小事存异"才是明智之举。同时，对于一些鸡毛蒜皮的小事不要斤斤计较。

瞬间的激情，碰撞出闪电般的火光；霎时的两情相悦，演绎成海誓山盟。但这一切，并不足以照亮通往婚姻殿堂的康庄大道，那么多跋涉在爱情征途上的男女，在美丽的爱情之花绽放时，仍然选择持久地去了解、认识、考验对方。因为，只有慢慢培养出来的感情才能抵挡住漫漫人生路上的风雨侵袭。

3. 不要迷信"距离产生美"

虽然中国一直有"距离产生美"之说，但在情感上，距离有时并不能产生美，在影响人的过程中更是如此，反而多数时候，会因为相对较远的距离，使美渐渐地消失。

孩子哭的时候，如果你想让他停止哭声，任你在远处再怎么劝说，他还会继续哭。但如果你走到他的面前，抱起他并逗逗他，他往往会很快停止哭声。

当你有事情向老板请假的时候，如果你只是打个电话请假，老板在电话中通常会表示出不情愿，甚至不给你假；但如果你提前直接向他请假，通常他会表现得无所谓。

当你和女朋友闹矛盾的时候，你们越是不联系，矛盾往往越会加剧；但如果闹完矛盾不久后，你主动向女朋友道歉，你会发现，你们之间的感情会比之前更加深厚。

谈判时，如果你一直绕弯子不切入正题，对方则会认为你没有诚意，进而表现出不愿意与你进一步交谈；但如果你直截了当地和对方交谈，那么对方则会表现得更加积极。

……

生活中的很多事情都是如此，距离太远便会失去一定的吸引力，影响人更是如此。如果你想影响对方接受你的观点、意见，以及为你做事情，那么就要拉近彼此间的距离，因为距离太远便无法实施影响了。

　　李强和王华是高中同学，李强一直暗恋王华。高考时他们考到了同一所大学，从上大学开始李强便一直追王华。大一下学期，他们相恋了，并且两个人的感情非常好，经常一起上自习，一起出去玩，一起回家，一起做彼此喜欢做的事情。大学四年的生活很快结束了，毕业找工作时，他们本想在同一个城市工作，但是好景不长，没过多久王华的家里便要求她出国发展，并给她办了出国手续。王华在父母的强迫下无奈地出国了，但两人都坚信双方的感情，不会因为距离而疏远。

　　王华刚出国的时候，两个人经常打电话，发信息，并且感觉两个人分开后，没有小的摩擦也没有大的矛盾，感情反而更加亲切。但渐渐地他们发现彼此的感情淡了，也不像以前那样将身边的事情和自己心中的想法彼此分享，两人之间的信息越来越少，电话越来越少，最后连邮件也没有了。两年后他们几乎失去了联系，两人在电话中沉默地分手了。

　　王华和李强分居两地后，虽然在开始的时候会觉得彼此间更加亲密，但是在时间与空间的距离面前，口头上的感情，显得是那样苍白无力，渐渐的，彼此间也没有了当初的默契与心灵相惜，更无法向对方施加影响。

　　遥远的距离，会让人与人之间感到陌生、孤独，而影响人是需要通过不断地交流和沟通，才能发挥效力的。如同感情一样，有时就需要一个深情的眼神、一个温暖的拥抱、一分温情的关心，这不是用几句言语能代替的。无论是时间上的距离还是空间上的距离，都会让彼此间找不到共同的语言，也不会明白对方的心思、苦衷。当你对对方的近况什么都不知道的时候，你又拿什么去影响对方呢？

4. 勇敢地伸出寻找真爱的手

宅男宅女的说法，最先出现在网络上，大意是指一类男女性格内向，不喜交际，不爱热闹，情愿窝在家里自由自在。他们的生活圈子小，范围窄，唯一的倾诉出口可能就是网络。

虽然现在网络四通八达，但毕竟是虚幻的。且不说网络骗局多少，单是要从网上培养一份感情，也不是三两天就能成事的，但是宅男宅女们却喜欢或者说迷恋这个载体。他们认为，面对电脑，面对一个虚拟的世界，要比面对一个现实而又复杂的世界容易得多。

现实世界中，人与人之间的明争暗斗，钩心斗角，人情的冷漠，是宅男宅女们所害怕和逃避的。他们也许是不愿参与这种世俗的纷争，觉得没有必要；也许是无力参与现实的竞争，觉得害怕。其实，说到底，之所以成为宅男宅女，完全是一种性格使然。这种性格，难免是懦弱的，是消极的。

宅男宅女，在爱情上也是被动的一方。他们每天宅在家里，与外界隔绝，所以获得爱情的几率大大减少。他们期望爱情，却又不敢主动出击，就像寓言中的《守株待兔》，企望天上掉下个"林妹妹"或者"宝哥哥"，祈望不劳而获。带着童话般的天真和神话般的神奇，希望网络带来一个适合自己的公主或者王子，这就是宅男宅女最憧憬的。

有人说，王子配公主。你想嫁王子，而问题是，你自己是不是公主？灰姑娘嫁王子的事是有的，但却是极小极小的概率，如果多了，也就不会成为经典，一直到现在还让人觉得稀奇。

宅男宅女，其实缺乏的是一种勇气，一种能力，一种热情。宅字上头是屋顶。头上顶着屋顶，就看不到外面精彩的世界，感受不到屋外的风情无限，当然也就无从去接触形形色色的男男女女；没有了接触，就不可能有更进一步的了解，人与人的情缘就更加难以继续。

爱情是每个人都憧憬、都渴求的。这个世界，真爱也总是存在，只是宅男和宅女现实中的逃避，网络上的虚幻，总是没有人愿意迈出那第一步。想吃饭就张口，想穿衣就伸手，其实爱情也一样，是一种主动的行为。想要拥有爱情，就得张口去表达，就得伸手去抓住。这个世界，不劳而获的好运不会总存在。

掀开头上的屋顶，离开虚拟的网络，到生活中实实在在地去寻找，这是获得爱情的最佳途径。即使爱情的开始来自于网络，也要到现实中去相处，去了解。

甩掉宅男宅女的贬义，勇敢地伸出寻找真爱的手，哪怕这寻爱的路上充满荆棘，你也能领略沿途的无限风光，感受爱的一切滋味。

5. 爱情从来没有一帆风顺的

每一个经历爱情的男女，都多多少少会受到过爱情的伤害。只是，在受伤的过程中，有的人选择退却，选择封闭自己；而有的人，则选择让自己重生。

"问世间情为何物？直叫人生死相许。"《梅花三弄》中的一句经典歌词，至今仍让人回味无穷。从古到今，剪不断理还乱的，仍然是一个"情"字！红尘中的男男女女，明明看起来头脑清醒，处事果断，可是一旦碰上感情，却总是抽刀断水水更流。

爱情中，在对的时间遇到对的人，是一种幸福，也是一种幸运。而世间，幸福和幸运并不总是眷顾每一个人。郎有情而妾无意，或是妾有意而郎无情，这样的现象屡见不鲜，于是，就有了世间痴男怨女的产生。

影视剧中的三角恋、婚外情，都是现实生活的再版，都是爱情中受伤的根源。这个社会对人对事越来越宽容，可是爱情中的男女对对方的占有欲仍然一如既往的自私。

爱情一开始总是美好的，爱得生生死死，爱得轰轰烈烈，爱得山无棱、天地合，乃敢与君绝。爱情中的双方，爱着的时候都是自私的，都是放着全世界也可以不要，只要一个你这样的豪情壮志。

二十几岁的女孩，其实对爱情更加投入。十几岁的女孩，爱来得凶，也去得猛，不爱了，掉几滴眼泪，很快就能寻找到下一个春天。可是二十几岁的女孩子不一样，她们开始爱的时候经过考察，经过考验，爱上了，就是死心塌地。而一旦情感变迁，对她们的打击更像天崩地裂。

梅爱她的男友胜过爱自己的生命，事事以男友为中心。他不高兴的事梅坚决不做。总以为这样的爱能天长地久，却不想男友还是变了心，爱上另一个女孩子。收到男友的分手短信，梅伤心欲绝。当看到男友挽着那个女孩子甜蜜经过的时候，梅再也忍不住失去了理智，扑了上去。梅长长的指甲，刺进了那个女孩子的眼睛，女孩从此失去了一只眼。

恨泄了，可是梅的自由也失去了，而前男友，只留给她一句话：今生不想再见到你！相爱一场，到头来，却落得此恨绵绵。悲矣。

人说，冲动是魔鬼。既是魔鬼，就必害人，所以冲动最终就是害人，不止害人，也害了自己。忍字是心头一把刀，面对爱人的背叛，就像刀插进心脏般的疼痛；留着痛，拔出来也痛。所以，当情感一旦出现危机，就是疼痛的开始；这份痛的深浅，只有自己才清楚。

爱不在了，就让它过去吧！别无谓伤害了自己。无论是男人，还是年轻的女孩子，不爱了，就放手，让彼此拥有重新爱的权利。这话说起来容易，可是做起来却很难，但是再难，总要去尝试。

6. 那些关于"恋爱"的问题

爱情是什么？如果让心理学告诉你，那么爱情有三个可爱的成分——亲密、激情和承诺。

亲密的恋人相互理解、支持、分享与呵护，在他们之间流淌的语言符号是外人难以理解和介入的。激情是欲望、渴求、迷恋，当你爱上一个人的时候，除了爱抚，你还有很多种激烈的需要和付出，这都属于激情。最后是承诺，它让我们不仅看到爱情的过去和现在，还看到未来，那里有我们每个人都需要的安全感和对幸福的渴望。

在恋爱之前，你要先问自己：我需要什么样的爱？我的恋爱课程属于哪一种？我们不妨看看下面几个精辟的恋爱问答，以从中收获到恋爱的"学问"。

Q1：恋爱是源于两个人性格的相似还是互补？

恋爱最常见的形式是两性之间的捕捉与追逐。人际间的好感可以相互传达出强大的力量，以至于能够弥补客观条件的不足。是相似性而非互补性把人们结合到了一起。相似性主要包括三个方面的匹配度：价值观与人格、兴趣和经验、人际风格。其中，人际风格是最重要的关系预测指标，与和自己人际沟通风格有所差异的人交往会有挫折感，且较少有进一步发展的可能。

Q2：恋爱是要靠"追"到手的吗？

真正的恋爱是不需要"追"的。两个人的默契慢慢将两颗心的距离缩短，在无意识中渐渐靠近彼此。从你喜欢上他的那一刻起，也许他也在那一刻喜欢上了你，同节奏的爱情往往能奏出最和谐动听的乐章。

Q3：真正的恋爱应该是什么样的？

两个人在一起轻轻松松、无忧无虑，没有压力。

Q4：爱一个人就是要毫无保留地付出吗？

当然不是。每一个人都是独立的个体，恋爱中的男女也一样。不能因为有男朋友了，就过度依赖他。同样地，你爱他，不代表就毫无保留地把自己奉献给他。我们首先是属于自己的，我们有思想，我们有个性，对待恋爱的对象可以适当地有所保留。

Q5：外貌和性格对女孩子而言哪个更重要呢？

经常有女孩子问这样的问题。男人是喜欢女生美貌多一点，还是她的性格多一点。这个怎么回答呢？电影、电视、书籍、杂志往往告诉年轻的女孩子，其实性格是决定一段恋爱最关键的因素，可是不少书籍和杂志还是不遗余力地向你推荐各种名牌化妆品和衣服——为什么？答案是，女孩子的美貌同样非常重要！至少，在现实里，美女的单身率往往会比较低哦。因为，漂亮的名花都被争相赶来的蝴蝶采走啦！

Q6：我想赶快谈恋爱！

才20岁？！天哪，亲爱的姑娘，你想恋爱的心情也太急了点。想要恋爱，太急切了反而不好。何况，你离30岁还早呢。在美国、英国，有太多三十好几还维持单身的女子。问她们为什么还不谈男朋友，她们反问，时候不到，怎么谈？看，一帮多淡定的女子啊。要告诉才迈过20岁的小朋友们：恋爱急不得。一是越想得到越得不到；二是得到了也很难珍惜，来得快去得也快。细水长流一些，爱情会更长久。

Q7：恋爱时两个人应该怎么相处？

恋爱中的两个人相处最重要的是相互信任、相互理解，要懂得包容对方。有人说女人的美是因为有一颗包容的心。

Q8：一生中只有一次真爱吗？

　　真爱是需要发现的。往往你的初恋会非常纯洁，但不代表只有这一次爱恋。你的人生会经历许多次恋爱，但往往能让你动心的只有两次：一次是你鼓足勇气去和你喜欢的人谈恋爱，一次是你下定决心嫁给你爱的人。

　　Q9：爱上一个人是因为习惯这个人？

　　没有谁是我们一生非拥有不可的，爱一个人，很多时候实际上是习惯了这个人。

　　Q10：现实和浪漫，哪种恋爱更靠谱？

　　现实。没有现实为基础的浪漫就是空中楼阁。大学时代的恋爱往往随着毕业告终，大多是因为分隔两地，不得不向现实妥协。距离产生美对爱情是一句空话，只有相互靠近相互理解的人才会碰撞出爱的火花，才会结出甜美的爱的果实。

　　……

　　以上十个关于"恋爱"的问题，我们在真实的恋爱生活中都会碰到。当你不确定时，不妨拿出来参照一下。

7. 去爱一个能给你正能量的人

　　爱情从短期看，是一种从内心喷薄而出的情感梦幻，是一种愿意为对方付出所有的冲动，从长期看，它却需要现实的养分。

跟男人恋爱，不同的人会有不同的能量，有的男人尽给你一些负能量，让你得不到成长，甚至可能会伤筋动骨，身心俱疲，一无所获；而有的男人能给你正能量，让你在恋爱中得到成长，即使失恋，你也会正确对待，人生会越来越顺利。

每个人的生活都一样，近看是碎片，远看是长河的时间中间接地寻找着幸福，直接地寻找着能够让自己幸福的一切事物：物质、荣誉、成就、爱情、青春、阳光或者回忆。既然你想幸福就去找一个能够让你感到幸福的人吧。

不要找一个没有激情、没有好奇心的人过日子，他们只会和你窝在家里唉声叹气抱怨生活真没劲，只会打开电视，翻来覆去地调转频道，好像除了看电视再也想不出其它的娱乐项目。

人生不应在没完没了的工作和一样没完没了的电视节目中度过。

拥有正面能量的人，对很多事情充满好奇，无论遇到什么样的新鲜事物都想尝试一下，会带你去尝试一家新的餐厅，带你去看一场口碑不错的电影，带你去体验新推出的娱乐节目，带你去下一个陌生的城市旅行。你会发现世界很大，值得用一生去不断尝试。

不要找一个没有安全感的人过日子，他们一直在排查可能的不幸和焦虑未来的灾难。他们一直在想该怎么办，一直担心祸事即将降临。他们命名自己为救火队员，每天扑向那些或有或无、或虚或实的灾情,不停算计、紧张和忧愁。

拥有正面能量的人,会对生活乐观,对自己信任,他们知道生活本来就悲喜交加,所以已经学会坦然面对。当快乐来临时,会尽情享受,当烦扰来袭时,就理性解决。他们相信人定胜天,确实无法获胜时,就坦然接受。他们能够正确认识自己,有自知之明,不会自我贬损也不会自我膨胀,他们在该独立的时候独立,该求助的时候求助。乐观和自信后面,深藏着对人生的豁达与包容。

"爱情天梯"让很多对爱情存疑的人再次相信爱情,让憧憬爱情的人更加坚定爱情。

他6岁时,16岁的她成了别人的新娘,惊鸿一瞥令他情窦初开;他16岁时,26岁的她丧夫守寡令他不胜爱怜;她不但比他大整整10岁,还是个带着4个孩子的寡妇,闲言碎语如同一张无形的大网紧紧地笼罩在"大逆不道"的他们头上,他们喘口气的力气都快没有了。于是,1956年8月一天早上,村里人发现她和4个孩子突然失踪了,同时失踪的还有19岁的他。

他们携手私奔进海拔1500米的深山老林,从此远离一切现代文明。他们互称"小伙子"和"老妈子",虽然"老妈子"一辈子也没下过几次山,但为让她能安全出行,"小伙子"一辈子都忙着在悬崖峭壁上凿石梯通向外界,一凿就是半个世纪,凿出6000多级"爱情天梯"。

整整50年,铁锹凿烂了20多把,这都是他一手一手凿出了6000多级的阶梯，每一级的台阶都不会长出青苔，因为只要下雨过后他都会用手搽过，这样一来就不会滑……而他，也从一个年轻人变成了一个白发老翁。

如今，她的"小伙子"走了，他的"老妈子"也追随而去。6000级的"爱情天梯"，成为凿入大山的爱的刻度。虽然他们双双辞世，但他们彼此相爱的心从未停息，这份纯美的爱情最终化作了通往天国的"爱情天梯"，成为永恒。

爱上一个正能量的人，他会与你相互搀扶，你们的人生或许不会大富大贵，但必定温暖感动。

第八章

寂寞吧！
就像从不曾繁华过一样

1. 在低谷的寂寞中成长

人生在世，不如意事十之八九，身处逆境倒也寻常。但这些不如意的事如果都一股脑儿砸在一个人的头上，便是到了人生的低谷，对于懦弱之辈来说就是万劫不复了；而对于意志坚强者，倒不失为一种锻炼。

跌落在低谷的泥沼中，原本就遍体鳞伤，原本就伤心欲绝，原本就不知所措，总需要一段时间来检讨，来思考，来仰首观察走出低谷的路。只是，每迈一步，都是那么疲惫，那么艰辛，那么痛苦，那么险恶万分。

于是，意志薄弱者，作了一番无谓的挣扎后，颓废了，绝望了，索性坐下，木然地承受着灭顶的痛感。

而心存侥幸者，却是异样的气定神闲，他只是等待，也只会等待，心中默念着对上帝的希冀，幻想着救命的绳索从天而降，或是有一架牢固的登云梯突现眼前，然后哼着小调，优哉游哉地登上峰顶。然而，恐怕望穿了双眼等白了头，这种际遇也不会出现。

只有意志坚定者，在痛定思痛之后，幡然觉醒。一边在泥潭中奋力跋涉，一边躲闪不时袭来的暗箭和石块，审视着四周的悬崖峭壁，思索着攀登的方法，而后便是尝试。哪怕是一棵小草，一段枯枝，哪怕是峭壁上的一个凸起，也是攀登的路，也是希望所在。

你是上述三种人中的哪种呢？

被日本人推崇为"经营之神"的著名企业家松下幸之助，曾经历过卧病在床、发不出薪资的窘境。他在自己的一本书中回忆这段日子时说道："只要我们本身具有开拓前途的热忱，从心灵深处拜各种事物为老师，虚心去学习，前途依旧是无可限量的。"

所以说，不要担心，只要生命仍然继续，咬紧牙关撑过去，明天我们就能享受幸福和欢愉。

约翰的父亲曾经是个拳击冠军，如今年老力衰，病卧在床。

有一天，父亲的精神状态不错，对他说了某次赛事的经过。

在一次拳击冠军对抗赛中，他遇到了一位人高马大的对手。因为他的个子相当矮小，一直无法反击，反而被对方击倒，连牙也被打出血了。

休息时，教练鼓励他说："别怕，你一定能挺到第12局！"

听了教练的鼓励，他也说："我不怕，我应付得过去！"

于是，在场上他跌倒了又爬起来，爬起来后又被打倒，虽然一直没有反攻的机会，但他却咬紧牙关支持到第12局。

第12局眼看要结束了，对方打得手都发颤了，他发现这是最好的反攻时机。于是，他倾尽全力给对手一个反击，只见对手应声倒下，而他则挺过来了。他获得了拳击生涯中的第一枚金牌。

说话间，父亲额上全是汗珠，他紧握着约翰的手，吃力地笑着说："不要紧，才一点点痛，我应付得了。"

看着父亲，约翰也想起自己经历过的那段苦日子。当时碰上了经济大危机，他和妻子先后都失业了，但是为了生活，他们夫妻俩每天仍努力地找工作。晚上回来时，虽然总是望着彼此摇头，但是他们从不气馁，而是相互鼓励说："放心，我们一定能应付过去。"

如今，一切都过去了，约翰一家人又回到了宁静、幸福的生活中。

而每当晚餐时，约翰总会想到父亲说的那段话，因此他想要将这段话传播开去。他要告诉孩子们与朋友们，甚至是他遇到的每一个生活艰苦的人：在困境中要告诉自己"我一定能应付过去"。

在人生的海洋中航行，不会永远都一帆风顺，难免会遇到狂风暴雨的袭击。在巨浪滔天的困境中，我们更要坚定信念，随时赋予自己生活的支持力，告诉自己"我一定能应付过去"。

当我们有了这份坚定的信念，困难便会在不知不觉中慢慢远离，生活自然会回到风和日丽的宁静与幸福之中。唯有相信自己能克服一切困难的人，才能激发勇气，迎战人生的各种磨难，最后成就一番大业。

人生本来就是要经历一个起起伏伏的过程，身处低谷，并不可怕。当遭遇低谷时，不要为处境而感到惶恐，更不要沮丧、消沉。无论身处怎样的低谷都不应绝望，要相信未来，看到希望。溪流遭遇悬崖，纵身一跃而成就瀑布的壮美；枯枝面对霜雪，傲然挺立而能拥抱姹紫嫣红的春天。更何况，人处低谷看到的都是上山的路，低谷是人生的一道风景，也是一笔财富，更是一次难得的锻炼机会，人生因此而精彩。

正如孟子所云："天将降大任于斯人也，必先苦其心志，劳其筋骨,饿其体肤,空乏其身。"只要在逆境中保持乐观的精神、竞争的雄心,不断地向上爬,就能看到无限风光。要记住,人处低谷,应做"置之死地而后生"的人生潜力的发掘。在低谷的寂寞中成长,你会变得更强大。

2. 爱情的生存需要独立的空间

爱情中,异地的时候我们恨不能擦掉中间所有的距离,与想要见到的人拥抱。但是一旦打破了美感距离,剩下的便是最真实的彼此,磨合得来就在一起,磨合不来就痛苦的分开。

很多时候,导致分手的原因并不是不想爱,而是没有了距离。亲密的爱人之间也需要呼吸,这是每个"自我"的独立空间。而人与人之间需要保持的距离,远近靠自己的感觉定,原则是让自己愉快别人轻松。

在亲人之间,距离是尊重和爱;爱人之间,距离是美丽和和谐;朋友之间,距离是爱护和懂得;同事之间,距离是友好;陌生人之间,距离是礼貌。

感情的呼吸就是就像两车之间的安全距离, 代表着缓冲,可以随时调整自己的速度和心情。生活的空间,就要学会给自己留白，给心灵思考的余地。

很多人都没有安全感，又不懂得自己给予自己安全感，所以就会非常的恋家或者粘人，这种感觉令人窒息，甚至生厌。不懂得保持距离，也不管对象是谁，随便就开始靠近缩减双方距离，显然是不理智的。

陈怡心从小就是在蜜罐子里长大的女孩，上了四年大学，为了能满足自己对父母的依赖，周末的时候常常就订机票飞回家跟父母团聚。在别人的眼里，她就是个令人艳美的小公主。

工作以后她在父母的安排下进了一家外企，起初的时候大家很喜欢陈怡心。因为她虽然是个千金小姐，但是对待同事却没有一点娇气的架子，喜欢跟大家打招呼，问东问西，还喜欢在下班的时候挤进他们的活动中。

时间久了大家就开始有些想躲开陈怡心。当同事在说悄悄话的时候，陈怡心会忽然冒出来："喂！你们在说什么啊？我也要听。"当同事在讨论老板的时候她也去瞎凑热闹，却被老板叫到办公室说了一顿。

而陈怡心的男朋友也对她渐渐疏远。毕业后的陈怡心不在父母的公司工作而选择留在北京，所以她认为自己唯一最亲近的人就是男朋友了。上班时间短信不停，下班后电话轰炸，回到家后不让他单独出去，必须留在家里陪她。

有一次男友陪老总在酒店应酬，陈怡心的电话不断，惹得老板和客户都不高兴了，索性就关了机。回去后陈怡心大吵大闹，嚷着要分手，他一怒之下说："好！分手。"头也不回地摔门离去。

关于感情，女性往往是脆弱而没有安全感的，她们时时粘着男性，令男性不能忍受。适当的距离才是我们表达爱的最佳方式。并不是将双方的空间全部开放、欢迎光临。毕竟爱不是枷锁，更不是用来探索别人私人空间的借口和手段，人与人之间要用爱来沟通，但是千万别拿爱当作借口。

爱情的生存是需要很大的空间的，爱从来就不是追逐占有，紧密细致的距离会使对方感到窒息，使你更加失去自我。人都是需要有一个自我空间用来享受的，在这个空间里没有任何人，没有亲人、好友、爱人，就只有我们自己，试着去完全地放空自己，让身体跟着心的指挥，随心所欲。

没有谁是完全真正属于谁的。别让寂寞吞噬自己的私人空间，学会享受，学会争取空间，因为在这个世上，没有距离的相处是一种自私的表现，心心念念只想着满足自己，而忽略别人的感受。最终的结果就是失去了对方，失去了这段感情，也失去了自我，那时才明白：空间原来是爱的翅膀。用彼此的空间来节制爱，才是最恰当的爱护与情谊。

如果你是一个有着独立思想，与众不同的人，有自己喜欢的事情，有自己讨厌的事情，有眼泪有欢笑，那就这么办。分开自己的空间，分给自己一份任何人都不可占有的，在这个国度里,你就是所有,好好享受一个人的狂欢。

大哭大笑,自娱自乐,反省自己,冷静思考,一个人看电影、阅读、走路、旅行,都是很好的私人空间。下班后并不一定让对方赶来陪你吃饭娱乐,自己买点菜回家下厨做饭,边哼着歌边炒菜,带着围裙在厨房里转来转去,这也是一种幸福的享受。

世界这么大,你的世界也那么大,不要吝啬自己,给自己一点私人空间很必要,那一点点的时间空间里不必跟任何人靠太近,人们都有各自的生活;也不必离太远,只要一个转身的距离。

有了独处的空间,你才会活得更真实、自在,才能更好的处理与对方的关系。

3. 君子慎独,独处时见品行

从小,我们受到的教育就在我们内心埋下了善恶的标准,但重要的不是我们心里有善恶,而是在我们的行为中能够遵守内心的标准,不做违反善的行为,尤其是在没有别人监督的情况下。

"慎独"这个词出自《礼记·中庸》:"君子戒慎乎其所不

睹，恐惧乎其所不闻。莫见乎隐，莫显乎微，故君子慎其独也。"它的意思是说在最隐蔽的时候最能看出一个人的品质，在最微小地方最能显示人的灵魂，一个真君子，即使在没人的时候也不会显现出一点不好的言行，而是像在人前一样。

疾风知劲草，烈火见真金。只有在独处的时候，才能知道一个人真正的品行。

杨震是东汉时期的名臣，一次因公出去途经昌邑之地，曾经受到杨震提拔的昌邑县令王密在夜深人静的时候敲开他的房门，献出十两黄金以表达自己对他的感激。杨震拒绝了王密，王密对杨震说："半夜三更没有人知道，您就收下吧！这是我的一点心意。"杨震义正言辞地回答："天知，地知，你知，我知，谁说没人知道！"于是，他态度绝决地把黄金退给了王密。

元代大学者许衡也有过类似经历。一日，许衡与人结伴外出，天气十分炎热，这一行人口渴难耐。所以在经过一棵挂满成熟果实的梨树时，他人纷纷跑到树下摘梨解渴，只有许衡站在那里一动不动。于是就有人问许衡："你为什么不摘梨，难道你不渴吗？"许衡回答说："这不是我的梨，怎么可以随便乱摘呢？"大家讥笑他迂腐，哄笑着说："世道这么乱，谁还管这棵树是谁的呢！"许衡却不以为然，他说："世道乱，而我的心不乱，梨虽无主，可我心有主。"

君子慎独，话虽这么说，但是慎独不该只是先哲和圣贤们的追求，每个人都应该努力去践行之。无论何时何地，何种处境，都应时时刻刻注意自己的言行。

慎独是社会生活的净化器。一旦离开了别人的眼睛，个人的私欲成为至高无上的追求，降低自己的道德标准来快活自己的时候，你已经在悄悄地腐败。即使再华丽的外表，也掩不住真实的自己。

慎独来自于不断的反省自己，它可以使你的内心不断地清朗透彻，可以让你的人格越发的坚韧；慎独还是一面盾牌，它可以使你抵御来自方方面面的不良诱惑，可以使你踏实做事，坦荡为人，使我们这个社会更加的文明有序，相处和谐。

还有些人，平时看起来中规中矩，但一遇到事情，他们的本性就暴露无遗，所有的美好形象不复存在，行为举止不再温文儒雅，言谈不再礼貌舒服，取而代之的是粗俗，毫无气质和美德可言。

尼采说："如果我们在我们一个人独处时不能像我们在大庭广众之下时那样尊重别人的荣誉，那我们就算不上正人君子。"真正的君子和此类人的区别是，真君子任何时候都是一个样，不会因为有人或没有而改变自己的言行。

慎独是一个人内在品质的试金石，也是人生正己修身的必修课。生活在这喧嚣的浮世中，难免会有鲜花掌声和赞美，有时使我们不得不高贵矜持起来。但是慎独却可以锻炼我们，警醒着自己不可失了分寸，不能没了尺度，久而久之就会成为一种习惯,而慎独之人也就真正成了表里如一的君子。

慎独是一种宝贵的品德,它如空谷幽兰,虽不在人们的视野范围之内,在高山峡谷中也能坚守自己的本分,保持自己的操守,守着天地,径自绽放,静默飘香。

4. 事情往往欲速则不达

急于求成,恨不能一日千里,往往事与愿违。历史上很多名人都犯过此类错误。宋朝的朱熹是个绝顶聪明的人,他十五六岁就开始研究禅学,然而到了中年之时才感觉到,速成不是创作良方,经过一番苦功方有所成。后来,他总结自己一生的学问,说:"吾一生致《大学》一书也。"用一生来体会一本书,实在是"慢工出细活"了。

俗话说:"心急吃不了热豆腐。"可是急于求成是人们的通病,每一个人都想快一点儿成功,尽快去享受成功所带来的喜悦。于是,就有了一批追求成功想走捷径的人,做事追求立竿见影,急求成功,揠苗助长,最终误入歧途,浪费了自己的光阴。

有个人立志在四十岁前成为亿万富翁,但当他已过而立之年还是拿着一份死工资，于是他辞职开始去创业，十年里他开过花店，咖啡店，办过公司、诊所，可惜每次他都失败了。到了四十岁，他感到心力憔悴，人生已无希望。他的太太听闻有位智者住在附近，便让他去往拜访。

他虽不信，但仍是去了，将一切告诉智者后，智者一言不发，带他来到了庭院里，庭院里尽是百年老树。此时正值艳秋，枯黄的树叶不时的落下，智者从屋檐下拿了一把扫帚对他说："如果你能把庭院的落叶扫干净，我就告诉你成为亿万富翁的诀窍。"

他看着智者一脸严肃的表情，还有成为亿万富翁的诱惑让拿起了扫帚，"扫完这个庭院有什么难的"他心想。过了一个钟头，他才好不容易扫完，可是当他回头的时候，发现扫过的地方又铺满了落叶。他懊恼地拿起扫帚清理掉这些落叶后，又发现别的地方也铺满了落叶，他想加快速度能赶上落叶飘落，可是忙了一天之后他发现这是不可能的，他怒气冲冲的去找智者，质问他为什么开这样的玩笑。

智者指着地上的落叶，对他说："欲望就像这扫不尽的落叶，层层消磨你的耐心，你有亿万个欲望，却只有一天的耐心；就像这秋天的落叶，必须冬天才能扫干净，你却想一天就完成。"说到这里，智者没有再多言，请他回去了。

老子说："九层之台，起于垒土；千里之行，始于足下。"南山先生一向强调："欲速则不达。"任何事情的发展都有一定的规律，而且这个规律是不可逆转的，一味主观求急图快，违背了客观规律，后果只能让自己失望。一个人只有摆脱了速成心理，一步步地积极努力，步步为营，才能达成自己的目的。著名的画家达芬奇学习画画的时候，光是画鸡蛋就画了很多年；爱迪生做发明，不知道耐心地做了多少次失败的试验……

很多时候，做事考验的是耐力，而十几年如一日苦练书法的王羲之能有几个？熬住寂寞，沥尽心血著一曲红楼的曹雪芹能有几个？不要绞尽脑汁地去寻找成功的捷径，骐骥千里，非一日之功；冰冻三尺，非一日之寒。其实，人生就像一场马拉松，开始的时候都在同一条起跑线上，但是越到后面越能看出差距，有耐心的人一定能坚持到终点，没耐心的人全都停在了半路。

有一位血气方刚的少年，一心想早日成名，于是拜一位剑术高人为师。

师傅认真地传授给他剑术，他却迫不及待地问师傅："这样下来，需要用多久才能学成？"

师傅不动声色地答曰："十年。"

少年又问："如果我全力以赴，夜以继日的练呢？"

师傅回答："那就要三十年。"

少年还不死心，问："如果我是拼死修炼呢？应该不会太长了吧？"

师傅淡淡回答："七十年。"

少年可谓是不惜一切想尽办法要获取成功，可是为什么在师傅眼中，他越是努力就离自己的目标越远呢？师傅洞若观火，有着超凡的智慧。他明白少年的心完全被渴望成名成功的思想所占领，没有平和的心态，这样势必不会成功。

努力本身并没有错，可是期盼迅速成功、一夜成名的心态反而会使人欲速则不达。放远眼光，注重知识的积累，厚积薄发，自然会水到渠成，达成自己的目标。许多事业都必须有一个痛苦挣扎、奋斗的过程，而这也是将我们锻炼得坚强，使我们成长的过程。

我们都有各自的天资，或小或大，或明或暗，都有闪光点，水滴石穿，哪怕我们的能量被藏匿在骨头里，只要我们有耐心终究会散发出来。而速成心理则可能让我们的天资泯灭，让我们丧失理智，最终导致失败。

5. 呼朋唤友，并不能帮你驱除孤独

有时候一大帮人在一起打打闹闹，孤独的感觉却比一个人的时候还要强烈。因为你与周围的人格格不入，无法进入

那种热烈的气氛里面，在这种热烈气氛的映衬下，你觉得自己更加孤独，而一个人的时候，海阔天空地遐想，反而没怎么觉得孤独。

可见，呼朋唤友，置身于喧嚣的人际，并不是驱除孤独的方法。

唯一的方法是哲学家说的"真正爱自己，依靠自己的力量。"

我们只有凭借体内自有的韧性和生命力去战胜经常驾临的孤独感，和自己做朋友，才是自由的胜利。这个朋友永远在你身边，无论你落魄，还是发达，开心，还是难过，他都在你身边，鞭策你、激励你、安慰你。

有人曾问斯多葛学派的创始人芝诺："谁是你的朋友？"

他说："另一个自我。"

人生在世，不能没有朋友，但在所有的朋友中，我们最不能忽略的一个朋友是自己。

能不能和自己做朋友，关键在于有没有芝诺所说的"另一个自我"。这另一个自我，实际上就是一个更高的自我，同等重要的是你对这个自我的态度。

有些人不爱自己，常常自怨自叹，如同自己的仇人。有的人爱自己而缺乏理性，过分自恋，如同自己的情人，在这两种情况下，另一个自我都是缺席的。

成为自己的朋友，这是人生很高的成就。古罗马哲人塞涅卡说，这样的人一定是全人类的朋友。法国作家蒙田说，这比攻城治国更了不起。

和自己做朋友，就要真正爱自己。

法国版ELLE曾经做过一项调查——"假如我们对你的恋人或丈夫做一次采访，那你最想从他们的嘴里知道些什么？"被调查者都不约而同地回答："他还爱我吗？"

他还爱我！这就是多数人想从恋人那里得到的答案，其中女性占多数。

而我们想问的问题却是："你还爱自己么？"

也许你会说，谁不爱自己呢？是的，没有谁不爱自己，但真正是不是、会不会爱自己，却是一个问题。比如说，你每天为自己真正预留了多少专属自己的时光，没有动机，没有功利，没有交换，只是让自己充分自在地舒展开来，感受着自己，感知到自己？然后才知道，如何才是真正爱自己。

在更多的时间里，你恐怕都忙于应付各种需要了：为家庭，为工作，为孩子……即使在一人独处不需要应酬谁时，你是不是也常会忘记要应酬自己，而依然在行为上或者脑子里惯性地应酬着这个或那个，或者自觉在鞭策自己，去充电，恶补情商或者管理经？

这些都不是真正爱自己的表现，都不能真正地滋养自己。爱自己，不是以物质贿赂自己——掷千金并不见得是犒赏了自己；不是拿成就激励自己——成功也不见得能喂饱你；当然更不是以别人的眼光或者标准苛求自己，别人都满意了你却不一定能够满意。

爱自己就是对自己欣赏和喜欢，因为这个世界上你是独一无二的，你就是这个世界的惟一。

爱自己，并不是盲目自恋，而是能够认识到自己的缺点，坦然地接受自己的一切，不管是优点还是缺点。真心爱自己的人懂得快乐的秘密不在于获得更多，而是珍惜所拥有的一切。你会觉得自己是那样受上天的恩宠，是那样幸福地生活在这个世界。这是一份难得的乐观心境，更是快乐的起始点。具有这样心境的人，无论是对生活环境，还是对周围的亲人朋友，都会自然流露出一股喜悦之情，感动自己，影响他人。

爱自己，和另一个自我做朋友，你才能真正远离孤独。

当然，这决不是推崇我们去垒一道墙，躲在里面，拒绝关心与问候，而是要你学会和内心的另一个自我相处。这样，你就能成长为独立的一棵大树，而不是缠绕在别人身上依赖别人营养的藤蔓。大树的枝桠可以在空中恣意摇曳伸展，没有固定的姿态，却有一种从容，一种得心应手的自信。

哲学家尼采在《查拉图斯特拉如是说》中说，"你在内心深处很清楚即使你身在人群之中，你也是跟一群陌生人在一起。对你自己来说你也是个陌生人。"如果你和自己都是陌生人，即使朋友遍天下，也只是外在热闹而已，你的内心仍然是孤独的。

身边多一些朋友，也许可以让你远离形单影只，却难以消除你内心的孤独感。就像金钱可以帮你打发空虚,却无力填充你的孤独。

我们要把孤独感看作是心灵深处盛开的罂粟,让你和自己的灵魂对饮。如果你懂得爱自己,善待自己,别人就容易看到你的魅力,会称赞你,你会从这些赞扬中得到更多的自信,也就会活得越发光彩,永远保持对生活的热情,这是个良性循环。

6. 沉得下去,才能一飞冲天

现在,很多年轻人动不动就跳槽,90后职场新人的跳槽率在所有年龄段人群中最高,平均跳槽率半年一次,其中最短的新人三周跳槽一次!他们觉得本身已有的工作不符合自己的价值观和志向,不符合自己的兴趣等等,于是毅然跳槽。

这些年轻人中,很多其实都有自己远大的志向,唯一缺少的就是沉下心来,在工作中积累足够的经验,培养自己的能力,同时也让自己沉淀一下,拥有一个踏实的心态。只有沉得下去,才能浮得上来。

一次电视节目中,两名大学生滔滔不绝地谈论自己的项

目，其中一个大学生豪气冲天地说："给我投资一千万，明天就能分红，后天就能变成两千万！"

马云听后，并没有对他们表示赞赏，反而对他们说："如果我是你们的话呢，五年以内我不会创业，我会去找一个公司，踏踏实实地工作五年。"

然后，马云给他们讲述了自己一段鲜为人知的往事：

二十世纪八十年代，马云就读于杭州师范学院，一心想做出一番宏图伟业。当老师，显然与他创业理想差距很大，他感到颇为迷茫，于是来到校门口闲逛散心。有一次，他在校门口溜达，碰见了校长，便向校长诉苦："我希望能够自己去创业，而当一名教师则心有不甘。"

校长没有多说什么，只是要马云许下一个承诺：到某个学校去，五年不许出来。马云并不懂得校长这么做的真实意图，但出于尊重，他答应了。

到学校教书后，一个月工资只有八十九块钱，起初马云勤恳工作。后来，一个巨大的诱惑摆在了面前——深圳一家单位邀请他加盟，月薪一千二。九十二与一千二，何去何从？马云想到自己的承诺，咬咬牙，坚持了下来。

第三年，海南一家公司开出月薪三千六，而学校还是九十几块，马云思忖再三，还是决定坚守承诺。就这样，他在学校里教了五年书，失去了很多眼前的利益，但却得到一样让他终身受用的东西：懂得了什么叫做浮躁，什么叫做不浮躁。

马云说："我就要让他们看看我是如何把这艘万吨巨轮

(阿里巴巴)从珠穆朗玛峰顶抬到山脚下。因为我沉得下来，我懂得怎么去把点点滴滴做好。"就像他当初在学校坚守五年，马云终于一步一个脚印地创造出阿里巴巴神话，敲开了财富之门。

很多人年轻人刚刚步入社会，心气很高，很着急拥有这个世界上的丰富多彩，便很不理智地妄想一鸣惊人，殊不知那些能够一飞冲天的人都经历过自己的一段"沉静"时期。

我们都知道，篮球比赛中，没有上场的球员都是坐在场边的板凳上看别人比赛。职场有时候就是一场篮球赛，上司也会如教练一样给你一条冷板凳。不论是初入职场的毕业生，还是能力超强的职场达人，在职业生涯中都可能会面临这个尴尬问题。

其实，这是非常正常的一件事情，司空见惯。在职场，坐冷板凳的原因有很多，比如你能力不足，做事经常出错，让上司讨厌；你威胁到了上司的利益，引起上司的记恨；上司的考验等等。当很多人遭遇职场冷遇时，并不去思考自己坐冷板凳的原因，而且很不能接受这样的现实，整日抱怨、意志消沉，结果却害了自己。不管什么原因，坐上了"冷板凳"，最好的办法就是心平气和地"坐"下去，并且更加努力工作，以赢得上司的改观。

有一个公司的副总裁被调往国外，位子空了下来。学历、资历、能力，甚至年龄都旗鼓相当的两个部门经理都盯上了这个空位。那段时间，两个人表面上友好亲善，暗地里剑拔弩张，其他同事也如粉丝一样，各自支持着两个人争夺副总裁的位子。一时间，公司气氛紧张。闻讯赶来的董事长勃然大怒，不由分说地将这两个部门经理"外调发配"，一个被派到了偏远的分公司任职，一个则被调去管理库房。

调往分公司任职的经理对这个决定不满愤怒，不认真工作，反而成天对手下员工发牢骚，结果，整个分公司的业绩直线下滑。

派去管仓库的那个经理刚开始的时候，心里自然也愤怒，但是很快他对这种不公平待遇就"随遇而安"了。在库房工作了一段时间，他发现库房的管理很乱，就动手整理起来。他用自己所学的管理知识把库房的商品重新编号，完善出入库手续，把整个库房弄得井井有条。一切都平顺了之后，他就开始抱着一本专业书温故知新了。

就这样，半年过去了。董事长下令将调去库房的经理提拔为副总裁，将派到分公司的经理撤了职。原来，董事长之所以将他们俩"贬下凡尘"，并非他们有什么错，而是公司正在考验他们。而事实证明，管仓库的经理耐住了"冷板凳"的考验，才是最合适的人选。

冷板凳并不可怕，可怕的是一个人没有坐热冷板凳的心态。巴顿将军曾说过这样一句话，"成功的考验并不是你在山顶时会做什么，而是你在谷底时能向上跳多高。"如果一个人觉得自己的职业生涯已经糟得不能再糟，那便说明这个人成功的考验才刚刚开始。

有人说："职业的'冷板凳'如果坐得好的话，可能是你职场的第二个春天。"仔细想想，事实确实如此。当我们坐冷板凳时，一来我们可以韬光养晦，藏拙；二来坐在场外的时候，我们就有时间去冷静观察"整场比赛"，从容准备。当我们储备了一定实力，有了一定的成绩，那么我们的上司怎么可能会看不到呢？

许昼跳槽到一家知名的企业做销售副经理，准备大显身手。然而，进了公司之后，他才发现事实并不像自己想象的那样。公司一下子招了三个副经理，每一个都不是等闲之辈。工作了一段时间之后，因为许昼的工作方法与总经理不相同，所以，他和另一名副经理坐上了冷板凳。

许昼对朋友抱怨说："虽然我挂着副经理的头衔，手里却一点儿实权都没有，什么事情都要请示，有时候连个普通业务员都不如，因为部门开会都不让参加。"

朋友却对他说："在不被重用的时候，正是你收集各种信息的时机，不断学习新的知识和技能，包括专业上的技能和通用技能，这样才能始终保持竞争力，在时来运转的时候便可以大显身手，跳的更高，表现的更加出色。"

许昼听后大受启发，开始安心地坐起了冷板凳。

　　与不停抱怨和无效抗议的其他副经理不同，许昼收起了锋芒，做好工作中的每一件小事，并且多听多做，很快就对公司上下都了解了个遍，甚至在部门都熟识了几个同事。一年后，因为销售方案不当，经理被解职了。而许昼却忽然成了红人，当上了销售部经理。这时候的许昼早已做好了充分准备，一跃登场，就协同下属做好了销售方案，并取得了良好的效果。

　　当上司真的给我们"冷板凳"坐时，这不一定是刁难和折磨，可能是给我们的考验和新机遇。因此，如果我们不受重用，不要自暴自弃，不妨利用这个时机增强自己的实力。不管我们坐上冷板凳后平时所做的事多么琐碎，多么不值得一提，也要一丝不苟地做好，这样才能让别人看见我们的精神和勇气。

7. 千万别拿嗜好当"鸦片"

　　有些人一有时间就吸烟喝酒，有些人每到空闲就去歌舞升平麻醉自己，吸食这样的"吗啡"之后我们会变得快乐。但，愚钝的生活又会使我们不得不重新揭开伤疤，而结果是，比上一次更疼。

所以说,嗜好归嗜好,千万别拿嗜好当"鸦片"。

慧远禅师年轻时喜欢云游四海。有一次,他遇到一位嗜好吸烟的行人。两人一起走了很长一段山路,然后坐在河边休息,行人给了慧远禅师一袋烟,慧远高兴地接受了行人的馈赠。两人一边抽烟,一边聊天,谈得十分投机,分手前,行人又送给慧远一根烟管和一些烟草。

待行人走远,慧远突然想到:烟草这种东西令人十分舒服,肯定会干扰我的禅定,时间长了一定难以改掉,还是趁早戒掉为好。于是,他随手一挥,把烟管和烟草全部扔掉了。

几年后,慧远迷上了《易经》。那年冬天,天寒地冻,他写信给自己的老师要求给他寄一件棉衣,但是信寄出去很久,冬天已经过去,山上的雪都开始化了,棉衣还是没有寄来,送信的人也没有任何音信。于是,慧远现学现卖,用《易经》为自己卜了一卦,结果显示那封信并没有送到老师那里。他心想:易经占卜固然准确,但如果我沉迷此道,怎么能够全心全意地参禅呢? 从此,他再也没有接触易经之术。

之后,慧远又一度迷上了书法。他每天钻研,居然小有成就,有几个书法家也对他的书法赞不绝口。但慧远转念想到:我又偏离了自己的正道了。再这样下去,我可能成为一个书法家,但永远也成不了禅师。于是,他再次收束心性,一心参禅,远离一切和禅无关的东西,终成一代宗师。

每个人都应该有一种爱好，无论是禅者的修行，还是普通人的生活。培养一定的兴趣爱好，陶冶情操，不是什么坏事，但"业精于勤，荒于嬉"，千万不要玩物丧志，沉迷其中。

金碧峰禅师自从证悟以后，能够放下对其他诸缘的贪爱，惟独对一个吃饭用的玉钵爱不释手，每次要入定之前，一定要先仔细地把玉钵收好，然后才安心地进入禅定的境界。

有一天，阎罗王因为金碧峰禅师的世寿已终，应该把业报还清，便差几个小鬼要来捉拿他。金碧峰禅师预知时至，想和阎罗王开个玩笑，就进入甚深禅定的境界里，心想，看你阎罗王有什么办法。几个小鬼左等右等，等了一天又一天，都捉拿不到金碧峰禅师，眼看没有办法向阎罗王交差，就去请教土地公，请他帮忙想个计谋，使金碧峰禅师出定。

土地公想想，说道："这位金碧峰禅师最喜欢他的玉钵，假如你们能够想办法拿到他的玉钵，他心里挂念，就会出定了。"小鬼们一听，就赶快找到禅师的玉钵，拼命地摇动它。禅师一听到他的玉钵被摇得砰砰地响，心一急，赶快出定来抢救，小鬼见他出定，就拍手笑道："好啦！现在请你跟我们去见阎罗王吧！"

金碧峰禅师一听，才知一时的贪爱几乎毁了他千古慧命，立刻把玉钵打碎，再次入定。

面对我们的嗜好，应该像金碧峰禅师那样，及时放下，才能够解脱自己，不为其所害。要知道，世间很多有才能的人往往就毁在小小嗜好上，例如赌博、吸毒、贪恋女色、喜好古玩等等，这些东西一旦沉迷其中，便会使一个人丧失心智，什么事情都做得出来。

8. 适当独处，让寂寞成为清福

幸福的人往往都是耐得住寂寞的，因为寂寞与幸福并存。人们羡慕寂寞时的自由，却往往拒绝寂寞的缠绕。实际上，左手是寂寞，右手是幸福，一直都是这样。

寂寞就是一种心情，是幸福过后的沉寂。在曲终人散之时，人们的内心归于平静，以寂寞为伴，痛并快乐着，寂寞并幸福着。

女友说婚后的生活一直很平静，平静得让人可怕。丈夫的应酬很多，大多时候她都是一个人在家陪着儿子。渐渐地她与丈夫的沟通越来越少，行同陌路。那种日子让她快要窒息。于是，她走了出去，只为到外面透透气，只为释放一下心里的郁闷，只为缓解一下心里的压力。

可没料到的是，她开始了一段错误的感情游戏。在丈夫与情人之间苦苦挣扎，道德与良心时时撕扯着她的心，她丢不下丈夫也舍不下情人，日日被痛苦折磨。最后她让丈夫来做抉择，毕竟丈夫是她最爱的男人。结果可想而知，丈夫无法原谅她的过错，家庭平静地解体。

女友之后也与情人断了关系。那只是一个错误，一个寂寞的故事。只是这个错误的代价太大了，要她用一生来追悔，要她用余生的寂寞来惩罚自己。

著名作家梁实秋先生曾说："寂寞是一种清福。"能把寂寞当作幸福来享受的必定是大胸怀大智慧之人，常人不会把寂寞当作一种享受。

那么寂寞怎样成为一种清福？

梁实秋在书中写道：

"我在小小的书斋里，焚起一炉香，袅袅的一缕烟线笔直地上升，一直戳到顶棚，好像屋里的空气是绝对的静止，我的呼吸都没有搅动出一点波澜似的。我独自暗暗地望着那条烟线发怔。屋外庭院中的紫丁香还带着不少嫣红焦黄的叶子，枯叶乱枝的声响可以很清晰地听到，先是一小声清脆的折断声，然后是撞击着枝干的磕碰声，最后是落到空阶上的拍打声。这时节，我感到了寂寞。在这寂寞中，我意识到了我自己的存在——片刻的孤立的存在。这种境界不易得，与环境有关，更与心境有关。寂寞不一定要到深山大泽里去寻求，只要内心清净，随便在市廛里，陋巷里，人们都可以感觉到一种空灵悠逸的境界，所谓'心远地自偏'是也。在这种境界中，人们可以在想像中翱翔，跳出尘世的渣滓，与古人同游。所以我说，寂寞是一种清福。"

这种静寂状态下的寂寞并不是孤独，而是幸福。

不过人们只有在心灵真正进入到静寂状态时才能找到那种幸福，当然这种寂寞下的幸福也不是永久的，有时只是瞬间。"在这种境界中，我们可以在想象中翱翔，跳出尘世的渣滓，与古人同游。"梁实秋真正写出了自己的体会。

寂寞的确难耐，但它的难耐正显现出它的美好。寂寞既是对人的一种考验，也是人们在身处困境时的体验。只有身处寂寞，人们才能自我反省，感悟人生，思索生命。

因此，寂寞是人生旅程中必不可少的驿站，人们可以在这里对自己和生活进行调整，迎接更好的明天。从这个角度看，你必须感谢寂寞，是它让你更专注地投入生活，更清醒地认识自己，更珍惜宝贵的生命，让你拥有幸福。所以，寂寞也是一种幸福。

一个人适当地独处，对我们的人生，不但没有坏处，而且对于涵养一个人的沉思气质和培养一个人独立思考的能力、习惯，都有很大的好处。

人是社会的人，需要在一定的社会里才能健康成长。但不知道你是否留意，婴幼儿是很喜欢一个人玩耍的，即使有家长或别的孩子在场，他也很少顾及。这或许是孩子在母体中独处的一种记忆吧！老人不喜欢孤独，但却喜欢独处，像是对母体中独处的一种美好回忆。在生命的起点和终点，我们都表现出一种生命原本的色彩，这不能不说是个很有趣的现象。

我们所以说"适当的孤独"，为的是和诸如幼年丧母、中年丧妻、老年丧子以及由于各种各样的原因而被抛出人群的茕茕孑立的孤独相区别，后一种孤独对人生只有坏处绝无益处。

适当的孤独，是人生某种独特价值的秘密阵地，是容纳难以摆脱的情感的舞台。这种孤独，在繁琐的世界中寻找简练，在闹市中寻找静区，在世俗的冲击中寻找脱俗，在不平的人生遭际中寻找平静。可以说，适当的孤独是我们人生的一种修炼。

适当的独处，不是陷入某种所谓的境界中而无力自拔，无力自拔不是一种人生境界，而是对人类理性的弃绝，对"红尘"的厌恶。适当的孤独，是对人生爱极的表现，是推动人类文明、修炼我们人生的一种内驱力。

试想一下，在劳碌了一段时间后，避开纷杂的人事，在某个安静祥和的环境中，一个人静静地待着，什么都可以想，什么也可以不想；不想说的话不说，不想做的事不做，不想见的人不见；没有人世间的尔虞我诈，只有一个人的世界。这，是不是一种境界?

在你适当独处的这段时间里,你可以好好审视一下你过去的人生,也可以好好设计一下你未来的人生;你可以想想自己过去的人生中,哪些人、事、物给你留下了美好的感情,又有哪些人、事、物使你不堪回首;你也可以像世间所有的杰出人物一样,热情奔放地面对生活,同时又同自己的心灵悄悄对话。

当然,你不会忘记,你"适当的独处"并不是为了远离人间,恰恰相反,适当的独处是为了更好地同世间的人同歌共舞,是为了在人间更高的腾飞。

所以,如果你想更客观、更真实地观览人生,观览人世,审视自我,为你人生的再度升华提供食粮,你可以暂时地拉开一段与"尘世"的距离,去适当地独处一阵。之后,你会发现自己飞得更高了!

第九章

知足吧!
就像从不曾贪婪过一样

1. 欲望越多,幸福越浅

人性有这样一个弱点,就是欲望超多,总以为什么东西都是越大越好、越多越好。殊不知结果往往是成反比的:欲望越多,幸福越浅。

为何我们常见平凡打工者脸上洋溢的幸福笑容,却有些住着豪宅、开着宝马之类的成功人士脸上难见欢颜? 答案是前者容易知足常乐,给自己设置的幸福底线很低;而后者欲望越大,越难知足,身心被欲望的枷锁套住,丢掉了手中原本最为珍贵的东西。

你可以为自己构设一个幸福的场景，当你通过努力达到这个场景时，你真的会满足么？

人心不足蛇吞象，这个人人皆知的故事，似乎就是诠释幸福的最好版本。

传说古时，有一位村夫看到一条冻僵的龙蛇。村夫把蛇救活，并放进后山的一个山洞里。因为蛇的到来，山洞口开始长着灵芝和一些奇异花草。但人们知道山洞里有龙蛇，谁也不敢去采这些东西。

皇上听说了这事，就下旨说，谁能采来灵芝，必有重赏。村夫很清贫，他想，自己要是得到这笔财富，那可真是幸福。于是，他就去求蛇。蛇感谢他的救命之恩，就让他采了灵芝送进宫里。村夫得到奖赏，过上了他想要的生活。又过了些日子，皇后的眼睛瞎了，御医说只有龙蛇的眼珠才能治好。皇上就下旨说，谁若弄来龙蛇的眼睛，就让他当大官。

村夫又想，自己现在是比过去幸福多了，但若再当上高官，有钱有势，一定会更幸福。于是，村夫又找到龙蛇。龙蛇忍痛贡献出了自己的一只眼睛，村夫也因此当上高官，再一次满足了自己幸福的心愿。

但没过多久，皇上又下旨说让村夫去割龙蛇身上的肉，因为他听说吃了龙蛇的肉，就可以长生不老。为了让村夫早些弄回龙蛇的肉，皇上加封村夫为宰相。村夫得意洋洋，再一次来到山洞口，希望龙蛇能再次满足自己的心愿，但龙蛇什么也没说，而是一张口就把这个刚做上宰相的人给吞进了肚里。

其实在村夫得到财宝之后，对过惯了清贫生活的村夫来说，那真是鸟枪换炮了，可谓一步登天，已经是最大的幸福了。但他的贪心却无止境，想要更高的幸福，最后被龙蛇吞进肚里。虽然故事的结局是贪心者受了惩罚，但若真是村夫取到了蛇肉，他会不会贪恋着长生不老而自己吞下蛇肉去当一个长生不老的皇帝呢？

完全有可能。

从这个故事中不难看出，对于贪心不足的人来说，幸福是没有止境的。幸福被人们捆绑在自己的欲望之上，欲望越高，幸福越显疲惫。

所以，当人一旦把个人欲望和幸福联系在一起，那就是和幸福背道而驰了。因为当你千辛万苦达到了自己设定的目标，你还会有更高的目标，还会让自己继续向更高的目标拼搏，只顾得索取，幸福的感觉早被你抛在一边了。

其实到了这份上，已经不是追求幸福了，只不过是自己的欲望无限膨胀增生而已。

比如说，登山游玩，攀上一个高峰，在看到满眼好风景的同时，也看到四周的山峦，心里就不免会有这样的心思：攀上那些更高的山峰，景色一定比自己现在看到的景色要美得多。其实真实的情况却是，当你攀上那些山峰，你看到的景色和刚才看到的，只是角度不同，景色大同小异。

所以，而真正聪明的人，是不会舍近求远，去定什么幸福大目标的，他们随遇而安，让心情放松，享受生活，让自己快乐，也让亲人幸福。假如这山望着那山高，终究会一无所得。

2. 知足常乐，从容豁达

这个世界上有太多美好的事物，我们每个人都不可能得到所有，所以一定要学会知足。

一个晴朗的下午，一位富翁来到海边度假，他看到一个渔夫正在海滩上睡觉。富翁问道："今天天气这么好，正是捕鱼的好时机，你怎么在这里睡觉呢？"渔夫回答说："我给自己定下了任务量：每天捕10公斤鱼。如果是在平时，我基本上需要撒5次网才能完成，不过今天天气不错，我只撒了两次便完成了任务。现在没事了，就在这里睡觉啦！"富翁又问道："那你为什么不趁着好天气多撒几次网呢？"渔夫不解地问道："为什么要多撒几次网？那又有什么用呢？"

富翁说："那样的话，不久之后你便能买一艘大船。"

"然后呢？"渔夫问。

"那你就可以雇更多的人，让他们到深海去捕更多的鱼。"富翁说道。

"那又怎样呢？"渔夫又问。

"到时你手中就有一定的积蓄了，可以办一个鱼类加工厂啊！那时你可以做老板，再也不用辛辛苦苦地出海捕鱼了。"富翁说道。

"那我干什么呢？"渔夫又问。

"那样你就不用再为生活发愁了，可以像我一样来到沙滩晒晒太阳，睡睡觉了。"富翁得意地说。

"不过，我现在不正是在晒太阳睡觉吗？"渔夫反问道。

富翁被问得哑口无言。

人之所以不快乐，就是不知足。假如渔夫真的如富翁所说去做，那么他就可能被自己的欲望所奴役，忙忙碌碌地辛劳一生，却不能体会幸福。

其实越想得到的多，就越会失去的多。我们每个人从出生的那一刻起，就注定了会和某些东西失之交臂。感情上的不如意，事业上的不顺心，总是会让我们花费很多精力来寻求平衡，但一个人的能力是有限的，有些东西是我们顾不到的，所以不必苛求那些得不到的东西或办不到的事情。如果过于执着地追求，只能给自己徒添烦恼，得到和失去只是在一瞬间，心态才最重要。

所以，每个人都要学会"知足"，很多快乐都建筑在这两个字之上，如果你一辈子都在不停地满足自己一个又一个欲望，却没有一丝一毫的幸福可言，那这样的人生又有什么意义呢？

实际上，人类自身的需求是很低的，远远低于欲望。房子再怎么大，也只能住一间；衣服再高贵，身上也只能穿一套；汽车再多，也只能开一辆在街上跑。能够认清楚这一点，我们就能够活得更加从容一点，更加豁达一点。更重要的是，我们将会有更多的时间和精力，来进行一些精神层次的追求和享受。

从前有一位年轻人，他总是抱怨自己时运不济，空有一番才华却得不到施展的空间，日子过得也是穷困潦倒，并经常为此愁眉不展。

有一天，他遇到了一位白胡子老人，老人看他眉头紧锁便问道："小伙子，你看起来很不快乐？"年轻人说道："我就不明白，为什么我的日子总也好不起来，这种穷苦的生活什么时候才是头呢？"老人立即反驳他说："穷？你怎么会说自己穷呢？我看你十分富有嘛！"年轻人很不解，问道："此话怎讲？"

老人笑了笑说道："假如我给你10000块钱，来换你的一根手指，你会换吗？"

"不换！"年轻人十分坚决地回答道。

老人继续问："那如果我给你10万块钱，但条件是你的双眼必须失明，你愿意吗？"

"不愿意！"年轻人斩钉截铁地说道。

老人再次问道："那假如现在让你马上变成80岁的样子，给你100万，可以吗？"

"不可以！"年轻人再次断绝拒绝。

白胡子老人笑了："你看，你全身上下都是数不尽的财富，你怎么还说自己穷呢？"

年轻人愕然无语，突然间明白了一切。

看完这个故事，相信很多人都会若有所思，其实在我们的身边，像年轻人这样不知足的人不是有很多吗？明明自己已经拥有了很多，却还在抱怨得到的太少，自然也就无法体味生命的乐趣之所在。只要你是一个知足的人，那么你就永远不会贫穷；相反，那些贪婪之人看似拥有万千财富，实际上却是一无所有的人。

快乐，应该是一种平衡而满足的内在感受。若你学会了满足，那么即使身在地狱，也一定能够感受到如天堂般的美好。

3. 为人处事，贵在适可而止

有人曾经将财富贴切地比作咸咸的海水，喝的越多越觉得渴，而越渴就越想再喝。因此，适度很重要。

当然，适可而止不仅仅是对待财富，对其他事情也是一样的。不懂得适可而止，终究是要吃大亏的。适可而止能够让我们变得更加从容，也更加宽容，它不仅是对别人的一种尊重，更是对自己的交待。

有一次，陆军部长斯坦顿气呼呼地来到了林肯总统的办公室里，他很愤怒地说道：一信少将用带有侮辱性的语言指责了他，且还偏袒了一些人。林肯听后，说道："我建议你可以写一封内容尖刻的话来回敬他，在信里，你也狠狠地骂他一顿。"

斯坦顿立即照做了，他写了一封措辞十分激烈的信，然后拿给林肯看。林肯说道："对，就是这样，写的好极了，要的就是这个效果。好好教训那个家伙一顿，你太棒了，斯坦顿。"

斯坦顿将信装进了信封里，但这时林肯却叫住了他，问："你要干什么？"斯坦顿有些摸不着头脑："把它寄给一信少将呀。"谁知林肯总统大声说道："不要胡闹，斯坦顿，这封信不能寄出去。你赶快将它扔进炉子里烧掉吧，一直以来，对于生气时写的信，我都是这么处理的。其实你在写信的时候已经解气了，我想你现在的感觉应该好多了吧！"

面对斯坦顿的气愤，林肯的处理方式十分新奇，起到了良好的效果。其实，他就是一个懂得适可而止的人，知道什么事情该做，什么事情不该做，也知道事情应该进行到什么程度，这让人不得不对这位伟大的总统产生钦佩之情。

做人要学会适可而止，对任何事情都要看开看淡，养成豁达、乐观的良好个性。你再喜欢吃某样东西，如果吃得过多也会感到腻味；你再喜欢听某首歌，听得过多也会感到厌烦。其实做人也是一样的，当你想要的东西得到太多时，同样也会感到厌倦。很多事情真的不必如此执着，否则既伤害了别人也会刺到自己。不过，适度是很难把握准确的，任何事情做过了头只能收到反面效果，中国有个成语叫"过犹不及"，说的就是这个道理。

一只几天都没有吃饭的小老鼠，钻进了一只盛满大米的缸中，看着美味的食物，小老鼠兴奋不已，便放开大口吃。吃饱了就躺在里面睡觉，睡醒了接着吃。就这样，缸里的米越来越少，缸口与米的距离也一天天在拉长。小老鼠也想过：当米吃完了自己就出不去了。可是，看着那白花花的大米，他还是经不起诱惑，于是打消了离开这里的念头。果然，当小老鼠吃完最后一粒米时，它再也出不来了，最终被困死于缸中。小老鼠不懂得适可而止，结果自毁性命，怨不得他人。

　　这个故事也告诉人们：不管做任何事情都应该有个度，超越了这个度，事情就会发生质的变化。正所谓"君子有所为，有所不为"，并不是所有的事情都需要做到十分满的，有些事情大可不必认真对待，更不必过分地追求。常怀一颗平淡之心为人处世，才是一种睿智、坦然的人生风格。虽然道理说得很清楚，但生活中还是有很多人不能做到适可而止，经常掉入一个个深深的"火缸"中不能自拔。

　　漫漫人生旅途中，充满了灯红酒绿的诱惑，面对这些诱惑，许多人都无法自控，他们想要得到的往往比自身的真正需求高得多。倘若一时得不到，有些人便可能会铤而走险，结果断送自己的前途。童话故事《渔夫和金鱼》，相信人们都耳熟能详，就连三五岁的孩童也不陌生，故事中的老太婆不就是因为不懂得适可而止，才在经历了一番短暂的荣华富贵后又回到了原来的那个小草屋里吗？不知道如果上帝再给她一次机会重来，她还会不会像之前那样贪婪？

　　从前有个穷书生，日子过得穷困潦倒，每天只会满口地念"之乎者也"。他家里什么都没有，就连睡觉的床也是用一个长凳来代替。尽管如此，书生却不去用双手赚钱，总是祈祷佛祖能赐给他一个发财的机会。佛祖看他实在可怜，便给了他一个看似十分普通的布袋，并对他说："这个袋子中有一个

第
九
章

知
足
吧
！
就
像
从
不
曾
贪
婪
过
一
样

金币，当你将它拿出来之后，里面就又会有一个金币。不过，只有当你将这个布袋还给我的时候，才能使用这些钱。"

穷书生听了，高兴得嘴都合不拢了，这样天大的好事竟然真的降临到自己头上了。他开始不断地往外拿金币，整整几天几夜都没有合眼，地上到处都堆满了金币。这些钱就算是他这辈子什么也不做，也足够花了。可是，他还是舍不得将袋子还给佛祖，他对自己说："我现在还不能将钱袋还回去，钱应该越多越好！"结果，穷书生累得倒下了，他死在了钱袋的旁边，而他的屋子里到处都是金币。

很多人都在笑书生的愚蠢，可他们自己又何尝不是如此呢？人就是太贪心，所以才会不甘心。很多时候，并不是拥有的东西越多越好，懂得适可而止的人往往能够获得更多的快乐。

生活就像是一杯水，不论你用的是玻璃杯还是水晶杯，甚至是陶瓷杯，都不能说明什么，因为杯子里的水对于每个人来说都是一样的。每个人都有权利往杯子里放入一些东西，可以是任何东西，只要你喜欢。不过需要注意的是，必须要适可而止，因为毕竟杯子的容量是有限的，你加的太多，水就会溢出来，导致你失去的更多。所以，不要计较太多的得与失，也不要让自己有太大的心理包袱，好好享受成功和努力的过程就好。

那么，究竟怎样才能做到适可而止呢？

所谓适可而止，就是指在最合适最有利的时机，立即停下手中正在进行的事情，注意分寸和火候，做到"胸中有数"，以求达到最好的效果。关键就在于把握一个度，让一切都恰到好处，不多也不少，不高也不低。能够做到这一点，才是真正的生活高手。

4. 别让攀比毁掉你的幸福

我们常常觉得自己过得不快乐，那是因为我们追求的不是真正的幸福，而是"比别人幸福"。

生活中，只要细心留意就能发现，种种由攀比而导致的闹剧、悲剧几乎每天都在上演。

其实，那些整天过得闷闷不乐，对自己的处境感到不满的人，并不一定是因为自己的处境有多么悲惨，而是因为他们暗自将自己的生活状况拿去和别人攀比，看到生活状况比自己好的朋友、同事、同学等，就总觉得别人比自己更幸运、更幸福。而自己呢？无形之中好像就成了最不幸的一类人。这样一来，还怎么能够活得开心，过得幸福呢？

曾有一位年过七旬的老人，在参加战友聚会回来之后，因脑溢血而住进了医院，多亏抢救及时才保住了生命。原来，在聚会时他知道了现在战友们的生活情况要比自己好许多，他们留在部队的，有的到了正军级，当上了将军，最普通的也是师级干部；转业从政的战友中，有的成了厅局长，有的是县处级；复员转业后经商的人，更是让人刮目相看，个个财大气粗，穿着名牌，住着别墅，开着宝马……老人一想到自己，转业后只当了个小工厂的车间主任，单位效益不好，退休后养老金不多，再加上老伴看病、儿子下岗，一家人过得紧巴巴的。和人家比一比，再想想自己，越比越生气，一着急差点送了命。

俗话说：人比人，气死人。如果两个人真要攀比，就算两人都是亿万富翁，恐怕攀比的结果也不会让自己如意。正所谓金无足赤，人无完人，虽然两人的财富一样多，但是生活上总会有差距。如此一来，总拿自己的短处去比别人的长处，岂不是自己跟自己过不去么？事物总是在不断变化的，生活中我们应保持一颗平常心，不以物喜，不以己悲，在待遇和生活条件方面不与比自己高的人去攀比。美国作家亨利·曼肯说："如果你想幸福，有一件事非常简单，就是与那些不如你的人，比你更穷、房子更小、车子更破的人相比，你的幸福感就会增加。"如果我们对生活现状不满意，就想一想过去的艰苦岁月，比一比那些仍然缺吃少穿的穷人，给自己一点安慰，它会让你感受到幸福和快乐无时不在，无所不在。而盲目的攀比，则会毁掉一个人的幸福，让人痛苦不堪。

一只乌鸦看到老鹰叼走了一只绵羊，嘴馋的乌鸦于是想，老鹰能抓羊，我为什么就不能呢？老鹰有爪子，我也有，老鹰会飞，我也会。最后，不甘心的乌鸦便决定仿效老鹰的样子：它盘旋在羊群上空，盯上了羊群中最肥美的那只羊。它贪婪地注视着那只羊，自言自语地说道："你的身体如此的丰腴，我只好选你做我的晚餐了。"说罢，乌鸦呼啦啦带着风直扑向那咩咩叫着的肥羊。

结果是：乌鸦不仅没把肥羊带到天空，它的爪子反而被羊鬈曲的长毛紧紧地缠住了，这只倒霉的乌鸦脱身无术，只好等牧人赶过来逮住它并把它投进笼子，成了孩子们的玩物。

不要去和别人攀比，幸福不幸福，快乐不快乐只有自己知道，选择适合自己的就行了，适合你的，就是最好的。此外，还应该注意到，攀比心理主要来源于对他人的嫉妒，人一旦陷入了这个漩涡就难以自拔，久而久之定会损己害人。

懂得满足，适当放低自己的幸福底线，不要奢求太多，经营好现在所拥有的，人才会自得其乐，从而避免很多不必要的事情发生。克服攀比心理，生活才会充满阳光，我们才不至于让攀比毁了自己的幸福。

有个小故事是这样的：

从前，有一只小老鼠整天被猫追来追去，它感到十分烦恼。于是，它去求见上帝，央求上帝说："你把我变成猫吧，这样我就不用被猫追了。"

上帝答应了，把它变成了猫。可是变成猫以后，小老鼠又被狗追来追去，它觉得还是老虎比较厉害，于是又央求上帝把它变成了老虎。可是，变成老虎它还是不满足，又苦苦哀求上帝把它变成大象，上帝没办法就答应它了。小老鼠变成大象后，突然有一天它的鼻子痒得受不了，它恨不得把自己的鼻子割下来，后来从它的鼻子里边钻出来一只小老鼠。

这时，它才明白，原来做小老鼠也挺好的。从此以后，小老鼠再也不攀比了。

每个人都应该尽早认清自己，回到自己的生活中来，去寻找自己的幸福，不要总把目光放在别人的身上。就像上面这个小故事里的小老鼠一样，什么都想和别人攀比，等绕了一大圈回来，才发现，原来的自己其实才是最好的。

不和别人攀比，保持平和心态，是一种修养，同时也是一种生活的智慧，渴望幸福的人们，幸福就在你们的身上，还和别人攀比什么呢？

5. 守得住清廉，经得起诱惑

常言道："贪如火、不遏则燎原；欲如水，不遏则滔天。"人的贪欲之口一旦张开，就很难在诱惑面前止步，最终必然会滑入泥潭难以自拔。为官者，两袖清风，廉洁清正是根本。而要守得住清廉，经得起诱惑，不做贪官，就必须要有足够的辨别是非和自我约束的能力。

如今社会中，"因情面所困"而落马的官员为数不少，许多人称"因碍于情面，丢了原则，终于酿成大错"，有些人说"自己也很无奈，托他办事的人得罪不起"。不管是人情所累，还是得罪不起，都是个人私利作祟和欲望膨胀，不是得罪不起，而是根本不想去得罪。于是，为了个人私欲，不惜得罪民众，不惜损害公平正义，以身试法，攀附权贵、网络党羽，美其名曰"人情关系"。

古人云：民如水，水能载舟，亦能覆舟。如果官员都碍于情面，置国家法令于脑后，置社会公平正义于脚下，视人民的权益保障如鸿毛，那么，政为谁而执？官为谁而事？

为官者要想清正有为无是非，拒贿也算一门"必修课"。自古以来，拒绝贿赂的方法很多，有的棒打喝止，有的题文自勉，有的明牌警告，有的厚谢婉拒。

古代廉吏的这些拒贿"妙术"，对于我们不无启发。

　　唐代著名诗人白居易，为官时通过自己的诗歌作品向社会公布个人收入与财产，清名永传于世。刚入仕途时，白居易担任政府机关校书郎，是个抄抄写写的"文秘"，他在诗中说："幸逢太平代，天子好文儒，小才难大用，典校在秘书。俸钱万六千，月给亦有余，遂使少年心，日日常晏如。"不久，升为左拾遗，工资翻了一番，作诗："月惭谏纸二千张，岁愧俸钱三十万"。接着，外派到苏州任刺史："十万户州尤觉贵，二千石禄敢言贫。"随后，白居易调回京城，为宾客分司，工资已是他刚入仕时的十倍："俸钱八九万，给受无虚月。"最后，为太子少傅时，工资最高，而且工作还相当清闲自在："月俸百千官二品，朝廷雇我做闲人。"到了晚年，他回到洛阳颐养天年，领到原来月薪百分之五十的养老金："寿及七十五，俸占五十千。"

　　白居易就是用这样的方式，不让别人有行贿的机会，也不给自己留下受贿的空间。

　　清代张伯行在福建和江苏任巡抚、总督时，极力反对以馈赠之名行贿赂之实，并写过一篇禁止馈送的檄文："一丝一粒，我之名节；一厘一毫，民之脂膏。宽一分，民受赐不止一分；取一文，我为人不值一文。谁云交际之事，廉耻实伤；倘非不义之财，此物何来？"此文言简意赅，浩气凛然，表现了他对拒礼拒贿的深刻认识。这种严格自律，堂堂正气，使行贿送礼之辈望而却步。张伯行正是凭借着这种坚定的为官立场，成了"清廉刚直，政绩卓著"的楷模，从而彪炳史册。

我们从古人这些拒贿的不同方式中可以看出，拒贿关键是自己要树立"以廉为美，以贪为耻"的人生态度，才能做到"风吹云动星不动，水涨船高岸不移"，才能始终保持一颗廉洁奉公之心，干净做事，清白做人。

要廉洁清正，为官者必须知可得与不可得，明礼明度，知足常乐。俗语说，莫伸手，伸手必被捉。如果贪得无厌，欲壑难填，就必然会不择手段、不顾后果地去攫取，结果不但葬送了自己的前途乃至性命，还会成为人民之害、国家之祸。

6. 君子爱财，也要取之有道

天下熙熙皆为利来，天下攘攘皆为利往，芸芸众生皆不能免俗。金钱不是万能的，但没有钱是万万不能的，物质是基础，没有钱会寸步难行。人们的日常生活、衣食住行哪一样也离不开钱。

但是君子爱财，也要取之有道，有的人对钱的渴盼达到了极致，认为拥有了钱就可以拥有一切，有钱能使鬼推磨。于是很多投机分子总想用一些歪门邪道，以身试法，钻法律空子，在短时间之内可能横财冲天。但最终的结果是法网恢恢，疏而不漏，难逃法律的制裁。

　　许松学生时代可谓是个风云人物，无论同学还是老师都对他赞誉有加。大学毕业后他在某公司工作，平时常听到身边的同事说买了什么车、房，心里渐渐有了落差，总是愤愤不平：凭什么他们能开好车、住豪宅而我不能呢？！虽说每个月的工资不低，可要买好车豪宅还不知道要等到什么年月。他也想过要跳槽，凭着自己的本事每月多赚些，悠闲自得地生活。可转念一想，自己现在手上管着公司那么多钱，为什么不先赚一笔呢？有了钱买了车、买了房再跳槽也不迟，罪恶的念头就这样产生了。

　　于是他就着手实施自己雄心勃勃的计划。他利用自己担任公司出纳的职务便利，将公司资金通过公司转账至其本人在银行的个人账户，然后再转至其股票账户，用于炒股。但股市有风险，几进几出，账户内的钱一下去了不少，为了防止被公司发现，他采用月初挪用资金，月底将钱还入公司的方法，将账做平，这样常常出现割肉的现象，股票亏得更多。面对股票日益亏损的局面，他采用挪用更多的资金，加大股本的方法，以期翻身，但结果不是套牢，就是亏掉。挪用的公司资金越来越多，漏洞越来越大，没过多久已挪用公司资金几百万元。走投无路的他猛然醒悟，向警方投案自首。

美好幸福的生活是靠脚踏实地的勤劳而获取的，那种投机取巧，牟取暴利，只图一时之快的人，最终会整日活在心不安、理不得的"半夜生怕鬼敲门"的恶梦之中。

无论是君子也好，凡夫俗子也罢，取财之道都必须遵纪守法，符合做人的原则和品行，任何存在侥幸冒险心理的行为必将付出沉重的代价。只有通过自己诚实劳动得到的钱财，才能获得心中的坦然。

战国时期，某一天，齐王派人给孟子送来了一个箱子，孟子打开箱子一看，里面竟然装的全是金子。孟子立刻叫住来人，坚持不收，并让他们抬走了这箱金子。

第二天，薛国国王又派人送来五十镒金，这回孟子欣然接受了。孟子的弟子陈臻把这一切都看在心里，觉得非常奇怪，忍不住问道："为什么你昨天不接受齐国的金子，今天却接受薛国的金子呢？如果说你今天的做法是对的，那么你昨天的做法就是错的；如果今天的做法是错的，那么昨天的做法就是对的。可到底哪个是正确的呢？"

"我自然有我的道理。薛国周边曾经发生过战争，薛国国王请求我为他的设防之事出谋划策，今天他送来的这些金子是我应该得到的；至于齐国，我从来都没有为他做什么事情，这一箱赠金到底有何含义，我不清楚。但有一点是可以肯定的，那就是齐国想收买我。可是，你何曾见过真正的君子有被收买的？"孟子解释说。陈臻似有所悟："原来辞而不受或者接受，都是根据道义来决定的啊！"

随着经济社会的高速发展，现实中的各种诱惑越来越影响着人们心灵的宁静。面对财富诱惑，许多人都会定力不够，利欲熏心，进而不择手段。我们看到社会上的一些害群之马犯下抢劫、盗窃等罪行，还有不少人为了赚钱，无所不用其极；一些官员，因为爱财，取之非正当手段，最终也纷纷落马。这些都是不知"取之有道"的表现。最终只能是害人又害己。

"心底无私天地宽"，我们无论从事什么样的工作，都要时时保持清醒的头脑，在面对本不该属于自己的一些利益时，从心灵深处排除私心杂念，脚踏实地，不投机取巧，努力拼搏，遵纪守法。这样我们不仅是有道，而且会有财，人们的生活也会因此而变得更美好，社会也会因此多一份安宁的和谐氛围。

7. 不要沉迷权势的幻影

成为组织领导的人，在如今这一时代拥有势力拥有权力的人，并非真正拥有某种力量。势力或权力只是存在于人们脑中的幻影罢了。

因为势力与权力对人们产生了作用，幻影才会挥之不去。他们即便是某种特殊的存在，也绝不是特殊的人。有些有权有势之人已经依稀注意到了这一点，然而，大多数人依旧沉迷于幻影之中。

森林里，狼、熊和狐狸结成联盟，专门对付羊群。

羊群死伤相当严重，老领头羊不堪疲惫，郁闷而死。一头年轻的羊被选为新的领头羊。

年轻的领头羊对群羊说：我们邀请狼、熊、狐狸中一位来做我们的领头吧，我不是这个料。

消息一出，群羊激愤：这不是把我们往火坑里推吗？

狼、熊、狐狸三巨头兴奋极了，同时也开始暗暗打算自己一定要争得这个头领，多大的好处啊，以后群羊就是自己的了，想怎么吃就怎么吃。

熊最先下手，趁狼不注意的时候，一爪过去，把狼杀了。狼死于非命……

狐狸很狡猾，因为它比较轻，它就在猎人挖好的树枝伪装的陷阱上躺着佯装睡觉。熊悄悄逼近，一下扑上去，掉到了陷阱里。狐狸已经早就机警地躲开了。熊也完蛋了……

最后剩下狐狸，对羊群已经没有了威胁。最后，群羊协作，把狐狸也赶跑了。群羊终于知道：原来权力是个陷阱！

尽管是个陷阱，但是面对权力的种种引诱，人们往往不易割舍，仍有人前仆后继地趋之若鹜。就如《圣经》中的扫罗，在上帝拣选大卫作王的时候，他心生妒忌，不肯放手交权，还要杀掉大卫，最后遭神离弃，结果悲惨。

看过《指环王》系列影片的人都知道，它描写的是关于魔戒的争夺战。我们看到弗洛多在山姆的陪伴下，连续赶往厄运山的火焰口，试图完成把魔戒投进火焰之洞的任务。因为消灭了魔戒，也就消灭了战争，也就结束了争夺，就世界太平了。

魔戒象征着至高的权利或者权力，人人都想得到它。这就像现实社会里人们对于权力的贪婪与欲望，无时无刻不在费尽心思争取更多更高的权力，甚至为此可以决一死战。由于人类欲望的驱使，我们发现，越是接近权力核心的人就越是脆弱，越容易变得失常。

苏联部长会议主席尼·雷日科夫说："权力应当成为一种负担，当它是负担时就会稳如泰山，而当它变成一种乐趣时，那么一切也就完了。"

"权力快感"说到底是一种权力欲，权力欲强烈的掌权者很容易突破道德良知的底线，甚至做出违法犯罪的事情。因此，古罗马历史学家塔西伦说，权力欲是一种最臭名昭著的欲望。英国思想家霍布斯更是对权力欲作出了形象的描述："得其一思其二、死而后已、永无休止。"

中国古代权力斗争不断，篡位者为了达到自己的目的，可谓费尽了心机。他们不惜承担"谋逆"的罪名、冒着杀身灭门的危险。此间充满了阴谋与血腥，昨天还是情同手足的亲人，今天却成了不共戴天的死敌。古代中国的宫廷政治史，就是一部骨肉相残、流血丹陛、烛影斧声、兄弟阋墙、弑父屠子、墙茨之丑的历史。

唐太宗密谋发动的"玄武门之变"，一时血光四溅。倒在血泊中的不仅有他的亲兄弟及众多支持者，还有10个年幼的亲侄儿。武则天在攀登皇位的漫长过程中，遭到了包括自己儿子在内的各种势力的坚决反对。面对来自朝野的各种反对势力，武则天痛下杀手，坚决镇压，甚至不惜任用周兴、来俊臣这样的酷吏，就连自己的亲生骨肉也不放过。她先后毒死太子李弘，又将太子李贤废为庶人，并逼其自杀。她的孙子李重润、孙女李仙蕙也因童言无忌而被处死。武则天为了满足自己的权利欲，踏着亲人的鲜血攀登权力的顶峰，然而，就是她那永不满足的欲望将她一步步推向灭亡的深渊。

皇室内部一次次的同室操戈，帝王贵胄一颗颗人头落地，一代代家天下的专制皇权摆不脱魔咒，走不出怪圈，只能不断地复制着一幕幕血溅宫闱的惨剧。人们疯狂地追逐权力，而至高无上的专制皇权又使人们更加疯狂，正所谓"无情最是帝王家"，难怪明朝末代皇帝崇祯在国破家亡时会说"愿生生世世勿生在帝王家"！

权力让人产生一种虚幻的优越感，从而使自己迷失，人们以为有了权力就可以为所欲为，可以满足自己的欲望，像金钱、美女、名车、豪宅等等应有尽有，还可以呼风唤雨、颐指气使。所以，有人为了权力可以不择手段，不惜一切。

但是人们却没有看到，权力的获得往往是以人格的屈辱作为代价的。为了保持心理上的平衡，使自己从心灵上、情感上获得补偿，权力的拥有者会以加倍的专制和冷酷来役使那些意图从自己手中讨取利益的人，从而使得权力的角逐者永远陷入媚上傲下二重人格的痛苦、矛盾和分裂中。权力，总是可以把善良的心引进罪恶的深渊。

比如，"中华民国"的总统袁世凯，1912年3月促成共和有功，本应是名垂青史的英雄，但权力欲望的极度膨胀，使他1915年12月宣布恢复帝制，建立"中华帝国"，遗臭万年。

历代帝王，虽然拥有许多的权力，却也付出了极大的代价。权力，在你没有拥有的时候也许不重要，一旦拥有，就再也回不了头，这是许许多多"帝王"的致命伤！

"大丈夫能屈能伸"，不要让野心捆绑住自己，学会放弃，你就不会犯历史上那些领袖人物的致命错误！也就避免了如《指环王》中的生死之战。实际上，我们应该明白，世界上的一切都将过去,就连我们的生命都将过去,所有的权势功名终将化为尘埃。只有淡泊名利,以一副淡雅、低调的心态面对名利的纷扰才是做人的最佳姿态。

8. 见利思害,不被私欲蒙蔽

凡事有利则必有害。以私灭公,只要自己方便,不顾他人利益、损害社会利益的行为都是只顾一己之私的利。它不仅危害社会,同时也是害了自己。

贪求小利而忘了大害,如同染上绝症难以治愈:毒酒装满酒杯,好饮酒的人喝下去会立刻丧命,这是因为只知道喝酒的痛快而不知其对肠胃的毒害;遗失在路上的金钱自有失主,爱钱的人夺取而被抓进监牢,这是因为只知道看重金钱的取得而不知将受到关进监牢的羞辱;用羊引诱老虎,老虎贪求羊而落进猎人设下的陷阱;把诱饵扔给鱼,鱼贪饵食而忘了性命。

唐建中二年,成德李惟岳、淄青李正己、魏博田悦与山南东道梁崇义四镇节度使联兵叛唐,形成"四镇之乱"。唐德宗李适下令调集兵马平叛。

公元781年和782年，唐河东（今山西永济蒲州一带）节度使马燧、昭义（今山西长治一带）节度使李抱真、神策先锋李晟两次大破田悦军。田悦收拾残兵，逃回魏州（魏博的治所），守城自保。马燧兵围魏州，但久攻不克。朝廷派马燧等军进击田悦的同时，命幽州节度使朱滔攻成德李惟岳军，李惟岳大败，逃回恒州（今河北正定）。部将王武俊杀李惟岳，投降朝廷。山南东道梁崇义、淄青李纳（时李正己已死，其子李纳统领军务）也都被朝廷派兵战败。梁崇义投水而死，李纳上书朝廷，请求悔过自新，整个平叛战局对朝廷很有利。官军一时取胜，进剿有功的节度使都争封地。

王武俊和朱滔认为朝廷分封不均，心怀不满，被困在魏州的田悦得知后，遣使前往离间。朱滔、王武俊素有异志，三方一拍即合，于是三镇联合叛唐。公元782年初夏，朱滔、王武俊率军救援魏州田悦。朱、王两支兵马抵达魏州时，魏人欢声雷动，田悦备酒肉出迎。第二天，朝廷派来增援马燧的朔方（今宁夏灵武一带）节度使李怀光，率步骑15000人也赶到魏州城外，马燧领将士列队欢迎。

朱滔见李怀光率军来支援马燧，立即出阵。李怀光有勇无谋，想乘朱滔、王武俊二军营垒未立就挥师出击。马燧建议说：先让将士休息一下，待敌情观察清楚后再战。李怀光刚愎自用，对马燧说："等对方立成营垒，后患无穷，不可错过现在的大好时机。"于是挥军出战。两军接战，李怀光军勇猛冲杀，斩杀叛军步卒千余人，朱滔引兵败退。李怀光骑在马上观望，骄矜自得，任凭士卒们窜入朱滔军营争掠财物。这时，王武俊率2000名骑兵突然横冲过来，把李怀光军一截为二。朱滔亦引兵反击。李怀光军大败，被逼入永济渠(今卫河)溺死，互相挤踏而亡者不可胜数，尸积永济渠，渠水为之断流。马燧欲出兵相救已不及，急忙命令本军严密守住营垒，才免于与李怀光军同时溃败。当晚，叛军又放水截断官军粮道和退路。第二天，道中水深3尺，官军被困。马燧大惊，被迫派人向朱滔等婉言求和，保证遣还诸节度使军权，并向唐皇保奏，让朱滔统辖整个河北。官军撤兵后，11月，朱滔、王武俊、田悦宣誓结盟，推朱滔为盟主，称冀王，田悦称魏王，王武俊称赵王，李纳称齐王，唐廷这次平叛遂以失败告终。

由于见利而不见害，李怀光败于魏州，这是不能忍于利的诱惑而失败的。

人们大都喜欢名利，成名使人有成就感，精神振奋；得利能够使人有满足感，心情愉悦。一般的情况下，人们也惧怕灾难，灾难令人感情痛苦，心智受损。所谓趋利避害是人的共同心理，无论是君子或是小人，在这一点上其实都是一样的，只不过追求名利、逃避灾害的方式不同罢了。愚蠢不知事理的人总是被眼前微小的利益所迷惑而忘记了其中可能隐藏的大灾祸，只见利而不见害。

因此，聪明智慧的人看到名利，就考虑到灾害；愚蠢的人

第
九
章

知
足
吧
！
就
像
从
不
曾
贪
婪
过
一
样

看到名利,就忘记了灾害。考虑到了灾害,灾害就不易发生;忘记了灾害,灾害就会出现。

人不能过于贪图眼前的利益,更不能因为被眼前的利益所迷惑而忘记了做人的根本。

谁都懂得要获得事业的成功, 就要付出一定的代价,哪里有那么多现成的好事在等待你呢? 许多人也明白小利之后会有大害的道理,但是一事当前,则无论如何也忍受不了小利不得的吃亏感,那后果又是什么呢?

自古至今只有能明事非、辨利害,才能忍耐住自己的欲望,才能见利思害。做到这一点,是很不容易的。

第十章

生活吧！
就像没有明天一样

1. 生命从一开始就在倒计时

人生是一次华丽的旅程，每个人都行走在旅途中，一路向前。它不需要人们整装待发，执拗地在原地等待，那只会让人在无休止的等待中逐渐苍老。所以生命无须等待，我们迈出的每一步都是全新的，每一分每一秒都是最合适的时间，即刻起程就好。

如果把生命比做一个时钟，那我们所经历的每一件事，所走过的每一段人生旅程就是时钟上的指针，在一分一秒地倒数,慢慢地流逝。无论你地位如何尊贵,你薪水如何丰厚,你智慧是否过人,都无法让指针停止,更无法让它逆转。当指针接近终点的时候,生命也就走到了尽头,也许到了那时,我们才会翻然醒悟:原来生命从一开始就在倒计时。

假如我们可以活到100岁, 那么100 (年) =3153600000 (秒),也就是说,从出生那一刻开始,到第3153600000秒到来的时候,也就是我们离开这个世界的日子。一旦生命以数字来衡量,那无论这个数字有多么庞大,得出的结果都不免使人心头一惊。用数字记录生命,可以让我们对时间有新的认识,在麻木消沉的等待后扬帆起程。

在一个电台谈话节目中,广播员通过无线电波讲述着自己的故事。那一年,他刚刚毕业,随便找了一个工作,几个月后却毫无起色。他整日在浑浑噩噩中度过,按时上班下班,休息日也是在家消磨时光。

一个偶然的机会,他到一个朋友家做客。他走到屋中,看到窗台上摆着几个玻璃瓶,里面装了许多硬币。他疑惑地问朋友:"这些硬币是做什么的?"

朋友笑了笑说:"每一个硬币都代表着我的一天。我剩余的时间还有几十年, 我就把这些年的时间换算成一个个硬币,每过一天,就从瓶子里拿出一个。"

他摆弄着其中的一个玻璃瓶,看样子里面有几百个。

朋友看他仍不理解,又对他解释说:"我看着日渐减少的硬币，也就知道生命在流逝，也就比以前更加关注重要的事了。只有当我亲眼看到自己在这个世界上的日子所剩无几时，才能真正地感觉到时间的紧迫。"

他听完仿佛有些明了，又问："你怎么知道自己还能活多少年呢？"

朋友哈哈大笑，拍了拍他的肩膀说："我给自己设定的生命是六十年，当最后一枚硬币被我扔掉的时候，剩下的时间就算是上帝对我珍惜时间的恩赐吧！"

他顿时觉得心中一片清明，仿佛心头萦绕的那些困顿全都消散了一样。匆匆地离开朋友的家后，他直接去一家杂货铺，为自己换了几罐子硬币。

用硬币代表消逝的日子，简单而又明了，它不需要我们浪费大量的时间去思考生命中还有多少时光，也不需要我们绞尽脑汁地想着自己浪费了多少过往。只要让玻璃瓶中装满剩余的日子，一天天地度过，一天天地减少，剩下的，便是上天给予我们的最大恩赐。

刻有数值的生命时钟，每分每秒都在走动。细心的人会注意到它分秒的变化，不断地提醒自己，生命有限，时间有限，不应该再驻足停留。于是，他们在有限的时光中创造出无限的价值，活得充实、活得满足；而粗心的人永远不会意识到时间在变化，他们觉得生命是那么漫长，未来还那么遥远，来日方长，为时不晚。两种不同的人，自然会拥有两种不同的未来。

我们赤条条地出世，又赤条条地离开，在人世间留下的，只有这段记载着辉煌与荣辱的光阴岁月。既然如此，在生命的指针还未停下的时候，珍惜每一段生命的旅程，迎接每一个即将到来的美好，从等待中起程，在停滞时前进，无疑是善待自己、善待生命的最佳选择。

生命从一开始就在倒计时，那些无谓的烦恼，那些耗费生命的琐事，都不值得我们为之停留。在漫长的等待中获得清醒，把刻有数字的生命时钟挂在随时可以看到的地方，听着指针滴答滴答走动的声音，我们对生命才会有更深刻的了解。

亲鸾上人是日本著名禅师。九岁那年，他就立下了出家的决心，请慈镇禅师为他剃度。慈镇禅师就问他："你这么小，为什么要出家呢？"

亲鸾说："我虽然只有九岁，父母却已双亡。我不知道为什么人一定要死亡？为什么我一定非要与父母分离？所以，我一定要出家，探索这些道理。"

慈镇禅师说："好！我愿意收你为徒。不过，今天太晚了，待明日一早，我再为你剃度吧！"

亲鸾却说："师父！虽然你说明天一早为我剃度，但我终究是年幼无知，我不能保证自己出家的决心是否可以持续到明天。而且，师父你年纪这么大了，你也不能保证是否明早起床时还能活着吧？"

慈镇禅师听完，不禁拍手叫好，满心欢喜地说："对！你说的话完全没错。现在我就为你剃度！"

无常人生，无常变化，思在未来，却要行在当下。九岁的亲鸾，说出的话却令成年的我们震撼不已。想想看，我们是不是曾经动摇过N个决心？一万年太久，只争朝夕！今日事，就应该今日毕，否则到了"明天"，即便你自己还有决心，但周围的环境恐怕已经是"时不我待"了！

人生就像一场没有彩排的戏，谁也料不到下一刻会发生什么！今天你腰缠万贯，明朝就可能负债累累；今天你高居庙堂，明朝就可能身处茅庐；今天你合家欢乐，明朝就可能妻离子散。这样的事情时有发生，并不是危言耸听。人生无常，有限的生命，活出自我，不留遗憾，要对得起自己。

明天和意外，你永远不知道哪一个会先来，最重要的是要活在当下。把自己剩下的生命尽情地展示出来，体现出应有的价值，这才是我们活着的意义。

生命从一开始就在倒计时，我们必须把握好每一个现在！

2. 人生随时都可以开始

生命的起点只有一次，人生的起点却可以随时开始。

这个世界上不会有人一生都毫无转机，穷人可能会飞黄腾达变为富人，富人也可能会因为生意破产而沦落为穷人。成功或失败，光荣或耻辱，所有的改变都会在一瞬间发生。

他碌碌无为地过了几十年，整日花天酒地，游手好闲，稍有点钱就出去鬼混，没有正当的工作不说，连正常的温饱都无法满足。妻子苦口婆心地劝着，儿子又即将上小学，一家人的未来实在堪忧。他却丝毫不在意，仍然不务正业，每天拿着家里开杂货铺赚的钱出去混。

他明明知道这样做不好，却仍要继续错下去。是不敢面对生活，怕自己的能力无法给家庭带来一丝慰藉？还是觉得日子已经糟得一塌糊涂，即便是再努力也无法改变？他不知道，也不愿多想，只是知道这种混沌的日子该有终点了，却迟迟不敢迈出第一步。

一天，当他喝得醉醺醺到家的时候，忽然觉得肚子很疼。开始并没有在意，可越来越难以忍受，肠子仿佛打成了结，拧着劲地疼。妻子慌了，大半夜地披上衣服把他背了出去，放到了自家的小三轮车上，冒着大雨把他送到了医院。

经过这么长时间的折腾，他浑噩的头脑清明了许多。他躺在病床上，接受着医生们的检查。过了很久之后，医生一个个地走出急诊室，他忽然听到外面传来妻子低低的哭泣声，以及有人提到"癌症"两个字，他心里霎时一片冰冷。真的就要这样死了吗？这样天天胡闹的生活，终于得到了报应吗？可惜了妻子，年纪轻轻就嫁给了自己，没过上一天好日子不说，连维持生计的钱都让他花了。儿子还那么小，没有父亲的将来会怎么样呢？他默默地流着眼泪，心中既懊悔又自责。

当人们看到生命终点的时候，才会从浑噩中惊醒，才会为曾浪费过的生命感到惋惜。他从那天开始像是变了一个人，再也不出去鬼混了，而是天天留在家里。每天清晨为家人做早餐，送儿子上幼儿园之后又去杂货铺帮妻子的忙。有时候一家三口边看电视边聊天，气氛与先前完全不同。

那段时间是美好的，妻子的脸上每天都洋溢着笑容，儿子回家就前后跟着他。他在感受到幸福的同时，也不由得担忧起来：从那天开始已经过了两个多月，自己在这个世界的日子还剩下多少呢？

妻子看到他眉头紧锁，疑惑地问他："你有心事？"

他犹豫了许久，终是把心里话说了出来："我还能活多久？"

妻子听完一愣，显然不知道他在说什么。

他叹了口气又说："别瞒我了，我不是得了癌症吗？上次去医院，医生不是和你说过了吗？"

妻子听完想了半天,忽然笑了:"哪有的事,那天医生说的是另一个病人。"

他有些懵了,脑袋里乱糟糟的一团,按住妻子的肩膀急切地问道:"你说的是真的? 那你当天为什么哭? "

妻子没好气地白了他一眼, 眼圈有些通红:"不管你先前怎么样,你终是我的丈夫,还好你那天只是吃坏了肚子,否则我们娘俩可怎么办呢! "

几个月来,一直压在他心上的石头终于落了地,他紧紧地把妻子抱在怀里,苦涩的泪水在心底蔓延……

过了不久,他找到一个工作,重新开始了新的生活,一家人其乐融融,日子也过得越来越好。

人生就是不断开始的过程,随时都可以看到生命中的风景,随时都可以改变未来的生活。今天的结束只属于今天,明天又是新的开始。只要有一颗追求卓越的心,只要让思想永远与时俱进,就一定可以重新开始崭新的人生。

一个部落首领的儿子在父亲去世后承担起了领导部落的任务,但是, 由于他花天酒地,游手好闲,部落的势力很快衰退下来。在一次与仇家的战役中,他被仇家所在的部落擒获。仇家的首领决定第二天将他斩首,但是可以给他一天的时间自由活动,而活动的范围只能在一个指定的草原上。

当他被放逐在茫茫的大草原上时,他感觉,这个时候,自己已经完全被整个世界抛弃了,天堂将很快成为自己的最终归宿。他回忆起曾经锦衣玉食的日子,想起了自己部落辛苦劳作的牧民,想起了那些英勇的武士卖命效力,他追悔莫及。

他想,如果能让我重来一次,上天再给我一次机会,绝对不会是这样一个结果。于是,他想在自己生命的最后24个小时做一些事情,来弥补自己曾经的过失。

他慢慢地行走在草原上,看见很多贫苦而又可怜的牧民在烤火,他把自己头顶上的珍珠摘下来送给他们;他看见有一只山羊跑得太远,迷失了方向,他把它追了回来;他看见有孩子摔到了,主动把他扶了起来;最后,他还把自己一件珍贵的大衣送给了看守他的士兵……他终于做了一些自己以前从没做过的事情,他觉得自己内心还是善良的,可以满意地结束自己的生命了。

第二天,行刑的时候到了,他很轻松地步入刑场,闭上眼睛,等待刽子手结束自己的生命。可是等了很久,刽子手的刀都没有落下,他觉得很奇怪。当他慢慢把眼睛睁开的时候,才看见那个仇家首领捧着一碗酒微笑着站在他面前。

那个首领说:"兄弟,这一天来,你的所作所为让我感动,也让我重新认识了你。我们两个部落的牧民本来可以和睦愉快地相处,却因为一些私利互相仇视,彼此杀戮,谁都没有过上太平的日子。今天,我要敬你一杯酒,冰释前嫌,以后我们就是兄弟,如何?"

之后,那个纨绔子弟回到了部落,再也没有纸醉金迷地生活，而是勤政爱民，发誓要做一个优秀的部族首领。从此以后，这两个部落的牧民再也没有发生过战争，彼此融洽和平地生活在草原上。

人生可以随时开始，即使只剩下生命中的24小时。

一个人只要还能思考，还充满了梦想，就一定可以重新开始自己的人生。日本作家中岛薰曾说："认为自己做不到，只是一种错觉。我们开始做某事前，往往考虑能否做到，接着就开始怀疑自己，这是十分错误的想法。"

人生随时都可以重新开始，没有年龄限制，更没有性别区分，只要我们有决心和信心、梦想，即使到了70岁也能实现。可见，过去的荣辱与成败都不会改变全新的今天，更不会牵绊住前进的心灵。从内心深处升起那份对卓越的渴望，随时开始新的一天，争取更辉煌的进步，必然能达到成功的巅峰。

一切终究都要过去，人生随时可以开始。昨天失败了，不要紧，今天可以忘了它；昨天成功了，也无须太过安逸，毕竟今天还有今天要做的事情。把心安顿好，让它与灵魂一并前行，从每一个不会重复的今天开始，改变未来的人生。

3. 青春有限，争取获得更多的东西

在我们的一生中，时间是有限的，也是这个世界上唯一可以称得上完全公平的事物，因为每个人的每一天都是在相同长度的时间中度过的。所以我们要用有限的时间争取获得更多的东西，这也是一些人获得成功的诀窍。

每个人都应该给自己算一笔时间账，自己在某方面花费或即将花费多长时间，将获得什么样的收益。这种收益可以是快乐、金钱、名誉、自我价值等。

而很多年轻人在时间花费上的特点，往往是以享乐为目的。他们把大把的时间消费在享乐上，而忽视了其他应得到的。这种时间消费的失衡必然会影响他们今后的生活。

这些人其实是可悲的。他们眼睁睁地看着啤酒、游戏、小说、肥皂剧等强行换走了自己的时间和青春，却不加以阻挡，还感觉"很酷""很刺激""很舒服"。等到了三十多岁，发现同龄人用他们的青春时光换取到不小的成就而自己却一无所有时，才后悔莫及；而当他们想奋起直追，却发现自己已经不是原来那个精力旺盛的年轻人，很多事做起来已经力不从心。

年轻，应该是拼搏的资本，而不应该是懒惰的借口。年轻，是人生最灿烂的岁月，你可以骄傲地对所有人喊"我有青

春我怕谁"。仗着自己年轻，还有大把的时间去打拼，不用急于一时，于是，你把玩乐放在了第一位。而挥霍之后却是流泪，因为你开始后悔自己曾"年少轻狂"。没有人会永远年轻，青春时刻都在流失。

　　一个人如果年轻的时候没有为将来的生活留下点什么，那么他将来的日子一定会过得很艰难。

　　章明毕业后，几次应聘失败，一下子打消了他的热情，他变得沮丧起来。后来，他索性把简历撕了，懒得再去找工作，在家看碟、玩游戏。

　　家人每次催他继续找工作，他总是说："急什么！我才刚毕业呢！"家人以为他压力太大，也就不再催他。可是，两个月后，他仍然没有找工作的迹象，整天在家玩游戏，变成了足不出户、名副其实的"宅男"。家人一再催促他，但他总是敷衍了事。

　　这个时候，他迷上了CS（反恐精英游戏），这个游戏可不是一天两天能玩完的。他玩起来着了魔，除了眼前的敌人和城墙，什么也看不见，听不见。每当家人催起，他要么充耳不闻，要么不耐烦："现在不缺吃，不缺喝担心什么？等我挣了钱会偿还你们的。"

　　为了逃避父母的追问，章明搬出一大堆的书籍，摆明了不找工作，他决定要考研。虽然他偶尔也看看书，但更多的时候，是在跟朋友们一起交流游戏心得，喝酒，打牌，看碟。

考试当然没有通过。后来，他觉得考研实在太难，放弃了。日子一天天地流失，他已经习惯了跟气义相投的朋友一起玩；其间，还交了两个女朋友，对方都不明不白地离开了他。他父亲实在着急了，便托人给他找了个临时的差事，他这才勉强有了份工作。

几年后的一次同学集会才让章明顿时醒悟过来。这几年时间，大家的变化都很大：以前那个老跟他一起玩的李平是最让人刮目相看的，现在居然在深圳安家立业了；那个带着800度近视眼镜的王强，居然进了公务员的队伍；就连那个最不爱说话，还经常被自己取笑"胆小鬼"的赵冰也在谈着跟人合作做生意的事情。

原来，只有自己还在原地转。在同学们面前，他感到极其自卑，原来的他并不是这样，几年的时间里，怎么就变得谁都不如了。即使他奋起直追，前面消耗掉的几年时间显然也追不回来了，他需要用更多的精力和血汗才能争取到别人几年前就获得的东西。因为他失去时光的同时还失去了其他宝贵的东西——他的热情、意志、专业知识，更糟糕的是，这期间他还养成了懒惰的坏习气。

时间就是一切，它能让我们获得一切，也能让我们失去一切。

看来，我们放走了时间的同时，也放弃了成功的有利条件。华罗庚说过："成功的人无一不是利用时间的能手！"

很多人之所以成功，是因为他们抓住了这个条件，不仅懂得珍惜时间，而且知道如何管理时间。他们把别人用来喝咖啡、闲逛的时间投入到工作中，把别人用来玩游戏、看小说的时间用来思考。

所以，我们要学会利用时间。

1. 不要沉迷于某种娱乐活动或游戏，你以为你在玩游戏，其实是被游戏玩了。

2.做某种事情前，先预算时间的投入，看时间的消费和最终的收益是否平衡。

3.有效地利用零碎的时间，不要以为干大事就一定需要"整段"的时间，"点滴"时间累积起来同样可以干出大事。

4.学会统筹时间，同时做几件事情，这样做就是占时间的"便宜"，很划算，但要做好每件事，避免三心二意。

5.重要的时间留给重要的事情。不同的时间段具有不同的效能，恹恹欲睡的时候干不重要的事，精力充沛的时候做重要的事。

6.时间不可能完全用"尽"。累了就休息，否则，在身体不支持的情况下强行利用时间也是在浪费时间，因为身体垮了需要更多的时间去恢复。

4. 把握当下，别让犹豫断送幸福

也许就因为这一瞬的犹豫，错过了本该属于自己的机遇；也许就因为这一瞬的犹豫，改变了自己的一生；也许就因为这一瞬的犹豫，最终幸福再也不来敲门。

幸福不是静止不变的，是动态的，积极的。因此请不要犹豫，幸福需要勇气和果断，不然它会从你身边悄悄飞走。

果断是你人生的一张关键牌，是一个人行立于世的根本，你是否具备果断的素质，与你在你的人生之路上是否可以减少坎坷，获得成功密切相关，当然也与你一生的幸福息息相关。

2011年6月4日是一个普通却并不平凡的日子，这一天中国网球选手李娜，在罗兰·加洛斯加冕法国网球公开赛女单冠军。她是网球职业化一百三十余年来，第一位夺得网球大满贯单打冠军头衔的亚洲选手。

当李娜捧起久负盛名的奖杯，当中华人民共和国的国歌第一次回响在这片赛场，五星红旗第一次在赛场上空飘扬的时候，我们可曾想过，是什么力量让李娜完成了亚洲人追寻了一百三十多年的梦想？

在法网决赛前，李娜曾指着埃菲尔铁塔说："希望通过我的不懈努力，我们也可以爬到塔尖，中国人也可以改变一切。"一天后，她神奇地做到了。

亚洲网坛夺得单打大满贯第一人、追平亚洲个人最高排名纪录，这些梦幻般的纪录让实现这一切的李娜也感觉自己如在梦中。经过各类庆祝活动的忙碌，休息了几个小时后醒来的李娜方才感受到了创造历史的真实感："没怎么睡，跟大使吃完饭就12点了，感觉跟做梦似的，睡醒之后感觉挺牛的。"

此刻的李娜无疑是世界上最幸福的人，时年29岁的李娜，无疑已经进入职业生涯的"暮年"。可正是李娜的果断和坚决，开创了今天属于自己的时代。

但是很多人可能不知道早在2002年李娜曾经选择了退役，直到2004年经过网管中心孙晋芳主任的劝说才复出。

记者采访孙晋芳时，她说："我当时跟李娜说，一个运动员有自己的理想和天赋非常不容易，你走到今天要是放弃就太可惜了。我不说为国争光，你可以为你自己吧，网球是非常职业的运动，你为你的奖金也该去打，而且我会为你创造很多机会。"

正如孙晋芳所说，随后她为李娜复出创造了很多条件，包括给她各种比赛的外卡资格，在国内积极举办各类网球赛事，给李娜重返世界网坛创造了非常厚实的铺垫。"我感觉我们那次谈话非常愉快，虽然我的劝说起到了一定作用，不过李娜的决策还是关键，她要是不下定决心，同样没有今天的成绩。"

正是当初李娜的果断复出，才有了"梦想成真"的今天。有人可能会说，从2004年到2011年，中间的七年或许等待了太长的时间，付出了太多的努力，但是当李娜在罗兰·加洛斯击出最后一个球的时候，幸福一下子就降临在了这个中国姑娘的身上。她伸出手抓住了，那短短的一场比赛，果断一个击球，不恰好就是为了最后幸福降临这一瞬间做好的准备吗？

一位哲人说过，人的双脚不可能同时跨入同一条河里。世界的一切都在变，每时每刻，尽管你并没有意识到，但是事实上，我们所面对的，每一分每一秒都是一个崭新的世界。当我们谈到早晨的时候，我们会说："这是一个崭新的早晨！"更普通的说法是："这个早晨真新鲜！"是的，早晨是新鲜的，因为整个一天就要从早晨开始，这是一个新鲜的开始。你的每一天与其他人一样，世界经过一个夜晚的悄然沉睡，一切都重新开始了。当你早晨起床面对朝阳的时候，你应该在心里给自己这样一份忠告："属于我的新的一天开始了！"

属于你的新的一天，你要去做一些事情，帮助别人来认识你自己、发现你自己。做你自己的主宰，用一种全新的意识与心态对待即将开始的这一天，给自己一个新鲜的开始。你会觉得自己是如此的快乐，世界是如此的美好，而你生活的意义，又是那么让你满意而愉悦。也正因为此，你的人生价值也就因你的新鲜而获得提高了。

所以，当你在这一天早晨，伸手抓起了你的上衣，那么，你的新的一天就将从这里开始，你的新的生命也将会从这时开始。所以，不要犹豫，果断地去干你所想干的事，就是你今天应该做的最重要的事情。

古希腊哲学家柏拉图有一天问老师苏格拉底，什么是爱情？老师就让他先到麦田里去，摘一棵田里最大最黄的麦穗来，期间只能摘一次，并且只可向前走，不能回头。

柏拉图按照老师说的去做了，结果他两手空空地走出了田地。老师问他为什么摘不到？

他说："因为只能摘一次，又不能走回头路，其间即使见到最大最黄的，因为不知前面是否有更好的，所以没有摘，走到前面时，又发觉总不及之前见得好，原来我早已错过了最大最黄的麦穗。所以，我哪个也没摘。"

老师说："这就是'爱情'"。

又有一天，柏拉图问老师，什么是婚姻。他的老师就叫他先到树林里，砍下一棵全树林最茂盛、最适合放在家作圣诞树的树。其间同样只能砍一次，以及同样只可以向前走，不能回头。

柏拉图又照着老师的话做了。这次，他带了一棵普普通通，不是很茂盛，亦不算太差的树回来。老师问他，怎么带这棵普普通通的树回来，他说："有了上一次的经验，当我走到大半路程还两手空空时，看到这棵树也不太差，便砍下来，免得错过了，最后又什么也带不回来。"

老师说："这就是婚姻！"

人生没有回头路，有些人，有些事一旦错过了，就再也找不回来了。想找到某些属于自己的最好的东西，我们不仅要付出相当的努力，而且要有莫大的勇气去果断的选择。

追求幸福就和这个道理一样，需要有莫大的勇气去果断的选择和追求，不然就会像柏拉图一样"两手空空"的归来。

当然，我们不可否认地清楚，生活总是给我们许多的不满意。但是，你要想到，你未来的路还很长，不论你如何生活，不论你从事什么职业，你都要想到，你这是在"为自己而做"，你要让自己接近任何能引起你兴趣的东西，就像植物生长一样，始终朝向阳光以及有滋养的一面继续自己的成长。没有必要总是想着过去的事情，对于过去的事情给你的人生留下的阴影，你可以将它们锁进记忆的牛皮箱里，并且丢掉你的钥匙，永远都不要去开启它。让那些快乐滋润着你，伴你幸福成长。

5. 无所事事是对生命最大的辜负

"好无聊啊""真没意思,不知道干什么",你是不是经常发出这些讯息的主人?在说这些话的时候,你有没有为自己列一个表,有没有做过一道计算题。现在,让数字来告诉你——

假如一个人能活100年,睡眠30年,吃饭10年,穿衣梳洗打扮7年,走路旅游堵车7年,打电话1年半,打电话没人接1年零10个月,看电视4年,上网12年,找东西1年零8个月,购物1年半,年少成家后又生育孩子去掉5年,闲谈70天,擤鼻涕剪指甲8天,发呆25天,最后剩余时间为10年。10年我们如何过?

你还会嫌弃时间足够充裕不知道做什么用吗?还会在那里感叹无聊吗?每一个不曾起舞的日子,都是对生命的辜负!尼采的这句话道理实在深入人心,令人深思。

岳飞在《满江红》里曾说过:"莫等闲,白了少年头,空悲切。"如果你总觉得日子很无聊,只好靠去饭店、网吧、游戏厅、KTV等这些场所来打发,真的应该好好想一想,我们究竟为了什么活着?汪国真说:"这是一个古老而又总是富有新意的问题。我不知道别人为什么活着,我活着的目的很简单:不辜负生命。"

什么叫不辜负生命?珍惜时间就是不辜负生命。

一天，生病的达尔文坐在藤椅上晒太阳，面容憔悴，精神不振。一个年轻人路过达尔文的面前。当他知道面前这个衰弱的老人就是写了著名的《物种起源》等作品的达尔文时，不禁惊异地问道："达尔文先生，您身体这样衰弱，常常生病，怎么能做出那么多事情呢？"达尔文回答说："我从来不认为半小时是微不足道的一段时间。"

在这个世界上，你真正拥有，而且极度需要的只有时间，时间在生命中是如此重要，而许多人却日复一日花费大量的时间去做无聊的事。

丧失的财富可以通过励精图治、东山再起而赚回；忘掉的知识可以通过卧薪尝胆、勤奋努力而复归；失去的健康可以通过合理的饮食和医疗保健来改善；而惟有我们的时间，流失了就永远不会再回来，无法追寻。

法国著名科幻作家凡尔纳每天早上5点钟就会起床，然后一直伏案写到晚上8点。在这15个小时中，他通常只在吃饭时休息片刻。但是他并不会与家人做在一起吃饭，通常都是妻子给他送到他写作的地方，他搓搓酸胀的手，拿起刀叉，以最快的速度填饱肚子，抹抹嘴，就又拿起笔。

他的妻子看他如此辛苦，就非常心疼地问："你写的书已不少了，为什么还抓得那么紧？"凡尔纳笑着说："你记得莎士比亚的名言吗？放弃时间的人，时间也放弃他。哪能不抓紧呢？"

在40多年的写作生涯中，凡尔纳记了上万册笔记，写了104部科幻小说，共有七八百万字，这是一个相当惊人的数字！一些感到惊异的人就悄悄地询问凡尔纳的妻子，想打听凡尔纳取得如此惊人成就的秘诀。凡尔纳的妻子坦然地说："秘密嘛，就是凡尔纳从不放弃时间。"

富兰克林，美国著名的科学家，《独立宣言》的起草人之一。曾经有人问他："您怎么能够做那么多的事情呢？"

富兰克林笑笑说："你看一看我的时间表就知道了。"

5点起床，规划一天的事务，并自问："我这一天要做好什么事？"

8点至11点，14点至17点，工作。

12点至13点，阅读、吃午饭。

18点至21点，吃晚饭、谈话、娱乐、回顾一天的工作，并自问："我今天做好了什么事？"

朋友劝富兰克林说："天天如此，是不是过于……"

"你热爱生命吗？"富兰克林摆摆手，打断了朋友的谈话，说："那么，别浪费时间，因为时间是组成生命的材料。"

生命有限，然而，大部分的人却活得单调乏味，过着俗不可耐的日子。著名的导演兼演员蓝敦在去世前几周接受访问时，曾语重心长地说了这么一段话：活着的时候，最好能记住，死亡即将来到，而我们不知道它降临的确切时间。这能让我们随时保持警觉，提醒我们趁着机会还在，要珍惜每一分，每一秒。

如今，想想十年前的事情，仿佛就发生在昨天，十年一晃就过了，而我们的一生又有几个十年呢？你现在要做的事情很多，前进、跌倒、受伤……我们永远不会感到无聊，不会是一个无所事事的混迹生活的人。也许我们不能使时光流逝的脚步放慢，但是我们可以珍惜时间，不辜负这一遭生命。

6. 生命短促，莫为小事烦心

人常常被困在有名和无名的忧烦之中，它一旦出现，人生的欢乐便不翼而飞，生活中仿佛再没有了晴朗的天，真是吃饭不香，喝酒没味，工作没劲，事业没心，连玩都觉得没意思。这一切，只因为我们陷入了多余的忧烦之中。

有一条大家都知道的法律名言："法律不会去管那些小事情。"有的人有时偏偏为一些小事忧虑，始终得不到平静。

荷马·克罗伊，是个写过好几本书的作家。以前他写作的时候,常常被纽约公寓热水灯的响声吵得几乎发疯。蒸气会砰然作响,然后又是一阵吡吡的声音,而他会坐在他的书桌前气得直叫。

后来, 荷马·克罗伊说,"有一次我和几个朋友一起出去宿营,当我听到木柴烧得很响时,我突然想到,这些声音多像热水灯的响声,为什么我会喜欢这个声音,而讨厌那个声音呢?我回到家以后,跟自己说:'火堆里木头的爆烈声,是一种很好的声音,热水灯的声音也差不多,我该埋头大睡,不去理会这些噪音。'结果,我果然做到了,头几天我还会注意热水灯的声音,可是不久我就把它们整个的忘了。"

很多其他的小忧虑也是一样,我们不喜欢那些,结果弄得整个人很颓丧,只不过因为我们都夸张了那些小事的重要性。

狄士雷里说过,生命太短促了,不能再只顾小事。

安德烈·摩瑞斯在《本周》杂志里说:"这些话曾经帮我捱过很多痛苦的经验。我们常常让自己因为一些小事情,一些应该不屑一顾和忘了的小事情弄得非常心烦。我们活在这个世上只有短短的几十年,而我们浪费了很多不可能再补回来的时间, 去愁一些在一年之内就会被所有的人忘了的小事。不要这样,让我们把我们的生活只用在值得做的行动和感觉上,去运用伟大的思维,经历真正的感情,做必须做的事情,因为生命太短促了,不该再顾及那些小事。"

就像吉布林这样有名的人，有时候也会忘了"生命是这样的短促，不能再顾及小事"。其结果呢？他和他的舅爷打了维尔蒙有史以来最有名的一场官司——这场官司打得有声有色，后来还有一本专辑记载着，书的名字是《吉布林在维尔蒙的领地》。故事的经过是这样子的：

吉布林娶了一个维尔蒙地方的女孩子凯洛琳·巴里斯特，在维尔蒙的布拉陀布罗造了一间很漂亮的房子，在那里定居下来，准备度他的余生。他的舅爷比提·巴里斯特成了吉布林最好的朋友，他们两个在一起工作，在一起游戏。

然后，吉布林从巴里斯特手里买了一点地，事先协议好巴里斯特可以每一季在那块地上割革。有一天，巴里斯特发现吉布林在那片草地上开了一个花园，他生起气来，暴跳如雷，吉布林也反唇相讥，弄得维尔蒙绿山上的天都变黑了。

几天之后，吉布林骑着他的脚踏车出去玩的时候，他的舅爷突然驾着一部马车从路的那边转了过来，逼得吉布林跌下了车子。而吉布林这个曾经写过"众人皆醉，你应独醒"的人，却也昏了头，告到官里去，把巴里斯特抓了起来。接下去是一场很热闹的官司，大城市里的记者都挤到这个小镇上来。新闻传遍了全世界。事情没办法解决。这次争吵使得吉布林和他的妻子永远离开了他们在美国的家，这一切的忧虑和争吵，只不过为了一件很小的小事：一车子干草。

平锐克里斯在2400年前说过："来吧，各位！我们在小事情上耽搁得太久了。"一点也不错，我们的确是这样子的。

下面是傅斯狄克博士所说过的故事里最有意思的一个，是有关森林里的一个巨人在战争中怎么样得胜、怎么样失败的故事。

"在科罗拉多州长山的山坡上，躺着一棵大树的残躯。自然学家告诉我们，它曾经有四百多年的历史。初发芽的时候，哥伦布刚在美洲登陆；第一批移民到美国来的时候，它才长了一半大。在它漫长的生命里，曾经被闪电击中过14次，四百年来，无数的狂风暴雨侵袭过它，它都能战胜它们。但是在最后，一小队甲虫攻击这棵树，使它倒在地上。那些甲虫从根部往里面咬，渐渐伤了树的元气，虽然它们很小，但持续不断地攻击。这样一个森林里的巨人，岁月不曾使它枯萎，闪电不曾将它击倒，狂风暴雨没有伤着它，却因一小队可以用大拇指跟食指就捏死的小甲虫而倒了下来。

我们岂不都像森林中的那棵身经百战的大树吗？我们也经历过生命中无数狂风暴雨和闪电的打击，但都撑过来了，可是却会让我们的心被忧虑的小甲虫咬噬，那些用大拇指跟食指就可以捏死的小甲虫。

要想解除忧虑与烦恼，记住规则：不要让自己因为一些小事烦心。

7. 感恩生命，珍惜眼前的幸福

常常有人说："我为什么这么不幸，为什么感觉不到幸福?"身边的幸福最容易被忽略，虽然没有黄金万两却有亲人的问候，虽然没有身居高位但是生活轻松自得，虽然不能诸事如愿但是身体健康、年纪尚轻，这些都是我们应该珍惜的幸福。有多少人已经忘记了给自己的家人多多问候，有多少人拼命工作却累坏了身体，又有多少人总是觉得自己不幸福，让身边的人不愉快?

宋代的高僧法演禅师说得好："福不可以享受到尽头，假如福享受尽了，幸福和快乐的泉源就会枯竭!"所以，要好好爱惜我们的福。人世间，没有灾殃祸患就是福，无奈很多人却身在福中不知福，铺张浪费，追求物质，"吃着碗里瞧着锅里"，不断追求，到了手又不珍惜，反复循环。

樵夫上山砍柴的时候捡回来一只受伤的漂亮的银鸟，他非常喜欢这只银鸟，一直悉心照料它伤口痊愈，银鸟每天鸣叫，声音极为好听。有一天，樵夫的一个朋友说他见过金鸟，比银鸟更好看，叫声更好听，樵夫便开始茶不思饭不想地想得到金鸟，冷落了银鸟。银鸟见状便朝着夕阳飞去，这时樵夫才发现在夕阳的照射下银鸟变成了金鸟，顿时后悔不已。

与其日后追悔莫及，不如好好珍惜当下，我们身边的一草一木、一个小物件、身边的人和生活方式都需要我们来珍惜，珍惜这份福，才能体会到更多的福。

佛常劝谏世人要活在当下。佛经中说："悟道者不因利害、毁誉、褒贬、苦乐等而动摇，毕竟这一切迟早都会成为过去。"

人生以人生为目的，好好活在当下，人生的重点就是眼前，人必须全神贯注于当下，要全身心地投入现在的生活当中，当下的幸福才是幸福。

在一座寺庙里，一只听了一千年禅理的蜘蛛在佛法的熏陶下渐渐也能悟出一些禅理了。蜘蛛觉得檀香好闻，但是一阵风吹走了檀香所留下来的所有香味。这时候，佛祖来到它的身边问它："你说，人世间最痛苦的是什么？"蜘蛛想起了被风吹走的檀香，叹了口气说："人世间最痛苦的是得不到和已失去。"佛祖无奈地离去了。

一千年后，蜘蛛织了很大的一张网，突然有甘露滴到了网上。蜘蛛觉得甘露很美，可甘露也被风吹走了。当佛祖再一次问蜘蛛那个问题，蜘蛛想到甘露，便很伤心的说："人世间最痛苦的是未得到和已失去。"

听了蜘蛛的回答，佛祖决定让蜘蛛到人间走一遭。蜘蛛投胎成为了官家千金。后来，状元甘鹿受封，蛛儿同许多小姐都钟情于他的才华。不料，皇上将长风公主赐给了状元。蛛儿很伤心，大病不起。爱恋蛛儿的太子总是陪在她的身边，但蛛儿从不多看他一眼。佛祖再一次来到了蛛儿面前，问她："蛛儿，你现在觉得人世间最痛苦的是什么？"蛛儿仍说："人世间最痛苦的是得不到和已失去。"佛祖摇了摇头，说："甘露本是风带来的，那甘鹿也是长风公主带来的，自然也应该由她带走。而太子本是在你网边守护你三千年的草，可你却从不看他一眼。人世间最痛苦的不是得不到和已失去，而是忽略了现在的幸福。"

如果问什么是最珍贵的，那就是我们现在所拥有的，比如我们身边的亲友，我们已经拥有的人生经历，我们的生命……只要我们静下心来，仔细品味自己已经拥有的一切，就会发现一切美好的事物就在我们的身边。

有人说日子如白开水，淡而无味，那你就加点蜂蜜，或者煮开了泡几朵玫瑰花瓣，或者一小撮绿茶，或者冲咖啡……你能做的很多，可以无极限发挥你浪漫的创意，让生活变得不再平淡。生活中需要变化，这样才能让人觉得有新鲜感，才能长时间地保持着活力。

如果我们能像艺术家一样热爱并设计我们的生活，那么我们的日子必然是另外一番模样。

王小波曾经把人分为有趣和无趣两种，在一个无趣的时代，无趣的社会，做个有趣的人，不容易。要做一个有情趣的人,首先要热爱生活,对万事万物充满爱心;其次要善于观察生活、体验生活,发现生活的情趣;再次要善于运用联想和想象去发现生活中的美和情趣。

纵观历史长河,史上圣人出了不少,有趣的人可不多。

苏东坡是个有趣的人。古人有人生四大乐事之说,苏东坡则认为,人生赏心乐事不单只有四件,而有十六件:清溪浅水行舟;微雨竹窗夜话;暑至临溪濯足;雨后登楼看山;柳阴堤畔闲行;花坞樽前微笑;隔江山寺闻钟;月下东邻吹箫;晨兴半炷茗香;午倦一方藤枕;开瓮勿逢陶谢;接客不着衣冠;乞得名花盛开;飞来家禽自语;客至汲泉烹茶;抚琴听者知音。

从这十六件乐事中,可见苏东坡极热爱生活,乐观入世,也懂得享受生活,是不折不扣的有趣之人。

生活从来都不缺少美,而是缺少发现。一个久居城市的少年能够享受神游山林之趣,这本身就是一个极好的例子。在有情趣之人眼中,万事万物莫不情趣盎然,蚊子可以是"群鹤舞空",蛤蟆可以是"庞然大物";在无情趣之人眼中,世界永远是枯燥无味的。做一个有情趣的人,首先要做的是对世间万物充满爱心,其次是要有丰富的想象力,善于从普通的物事中发现美的因素。

生活中追求情趣很重要,它能使我们感到人生美好,使我们更加热爱生活。一个人不能光知道工作,偶尔要做一些"无用"之事,做有情趣之人。风和日丽时,躺在草地上看云,下雨天打伞听雨声,晚上看月亮数星星,躺在床上胡思乱想自己的前世今生……这些看似无用的事，使我们的人生有点情趣，其实有大用。

生活中积极向上的人，善良快乐的人，总是很有生活情趣。无论生活多么紧张，多么繁杂，多么无奈，他们热爱生活的心是不会变的。和这样的人在一起，能鼓舞你生活的信心，能让你感悟生活的快乐。

有人把生活比喻成一首歌，其实这歌并不都是欢快、令人陶醉的娱乐。她有忧伤，有凄凉，有哀痛和呻吟。只有真正懂得生活的人们才会把她仍然当作一首歌来唱，将自己的嗓音调整到最佳的状态，努力地把握好每一个音节，就连那伤心伤情之处也要表现得凄美而惨烈。

人们常常羡慕功成名就、百事百顺的人，认为他们是生活中的成功者，认为只有这些得到生活回报的人才会对生活充满感激，充满信心和激情。其实，真正懂得生活的人，对生活充满爱意的人，是那些在生活中遭遇挫折和不幸的人；是那些深知人生在世，有快乐就有悲伤，有成功就有失败，有苦涩就有甘甜的人；是那些对生活没有过多奢求而认认真真生活的人；是那些把生活本身当作幸福的人。

日本著名作家、艺术至上主义者芥川龙之介说："希望自己的人生过得幸福和快乐，必须从日常的琐事爱起。"做一个平凡的人，每天夜晚结束了一天的工作生活，躺在床上，看看身边静静入睡的孩子，听听窗外虫鸣啾啾，轻风掠过，想着又平平安安地度过了一天，难道不是一种幸福吗？

8. 理性面对生死，坦然生活

虽然人生中有许多不确定的事，但有一件事是绝对确定的，那就是我们每一个人到最后，终究不免一死。把时间拉长，生死、死生是无尽的轮回。如同昨天、今天、明天的无尽延续，前生、今世、来生也是无始无终的联结，而贯穿无尽时间的是当下。这一刻是生，但对下一刻的生而言，前一刻的生已然是死。

人生的问题很多，但如果给予高度概括，那便不外"生死"二字了。通常人们关心生活，然而，生活只是生的一部分。

哲学、宗教历来重视探讨生的来源及死的归宿。作为生命的科学，人生的智慧，对于有情生死问题，不但有深刻的研究，还有解决的方法。

死对人来说，是无法回避的，生的末端便是死。谁不想长命百岁？但人活百岁终要死，世上没有长生不老药。当然，对死亡怀有恐惧并不奇怪，人一死，便会失去生活给他的各种美好事物。但一个人，如果你经历过人世沧桑，活着时尽职尽责地工作，没有虚度时光，那么应该死而无憾了。死亡是人生的终结，如同旅途的一个驿站。正像英国作家雨果临终前说的那样："生命的旅行，总有结束的时候，我该休息了。"

英国著名哲学家、散文家罗素对生死的理解很形象：每个人的人生都应该像河水一样，开始是细小的，流在狭窄的两岸之间，然后热烈地冲过巨石，滑下瀑布。渐渐地，河道变宽了，河岸扩展了，河水流得更平稳了。最后河水流入海洋，不再有明显的间断和停顿，而后毫无痛苦地摆脱了自身的存在。

能这样理解自己一生的人，将不会因害怕死亡而痛苦，因为他们所珍爱的一切都将存在下去。

如果我们都能像罗素那样，把人生比作河水，不知不觉地融入大海，毫无痛苦地失去自身的存在，那就不会感到死的恐惧了。当死亡来临之际，坦然面对死亡，把它当作生命过程里的一个环节。像雨果那样，临终轻松地说："我该休息了！"

圣严法师说："人活着不过是在一呼一吸之间，呼吸在，所以你一切都在。"

日本知名作家村上春树也说："死亡并不是生命的反义词，它是生命的一部分。"

禅宗还有句名言："大死一番，再活现成。"

倘若不以身体作为死亡的依据，人的一生当中，总是要面临无数次死亡与重生的体验。大多数的人，终其一生，费尽心思追寻的是得不到的财富、不确定的爱情、过眼云烟的名利，却很少有人能够停下来想一想，要如何正视终须面对的死亡。生死其实是同一件事的两面，生时不能无忧，临死必将慌乱。

人生是一连串的未知、不确定，唯一可以确定的就是"死亡"，但却也是人们最难以接受的事实。悲恸、号啕与怨天尤人都于事无补，唯有坦然接受，好好准备，就如同大自然的花开花落一样，人的生死就像白天和黑夜一样平常无奇。"人生自古谁无死"，死是万物新陈代谢的必然结果，不可抗拒的自然规律。

但是人们又都有希望生存、没有死亡的愿望。因此，不论古今中外帝王，还是现代科学家，几千年来都在寻找长生不老药。当然，这是无济于事的，现在科学家只能找到抗老防衰、延年益寿的方法，而永远不会找到不死的灵丹妙药，所以有人说，人从生下来就注定要一步一步走向死亡。

因为人世间有情在，所以古往今来人们总是为生离死别而哀伤悲泣。然而，月有阴晴圆缺，人有悲欢离合，此事古难全。陶渊明是豁达的，乐观的，所以他能以一语道破生死的问题："亲戚或余悲，他人亦已歌。死去何所道，托体同山阿。"

对于死亡，过度恐惧反而有损身体，明智的态度就是顺其自然，自由自在地生活。许多长寿名人，对死亡都有着大度的乐观心态。

著名佛学家、爱国宗教领袖赵朴初，他对生死看得很透，在病床上还写下了这样的诗句："生固欣然，死亦无憾"。字里行间充满着辩证唯物主义的生死观，展现了他纯情超然的心灵境界。

南京大学111岁的博士生导师郑集，他专门写有《生死辩》："有生即有死，生死自然律。"这就是一个百岁老人对死亡的坦然。著名作家孙犁晚年自作无题诗："不自修饰不自哀，不信人间有蓬莱。冷暖阴晴随日过，此生只待化尘埃。"表现了他对死亡的超然大度。

有句古话叫视死如归，一个人如果能看淡生死，敢于视死如归，确实不是一件容易的事。历史上有两种人达到了这种境界，一种是在修行中历尽劫难沧桑，参透生死，对人生已经大彻大悟；另一种是胸怀高远大志，心有精神大义而能置生死于度外。

周恩来对死亡的态度非常理性，也非常超脱。他认为，死亡是人生的自然法则，有生必有死，有始必有终。一个人应当不怕死。如果打起仗来，要死就死在战场上，同敌人拼到底，中弹身亡，就是死得其所；如果没有战争，就要努力进取，拼命工作，鞠躬尽瘁，死而后已。

孔子谓"杀身成仁"；孟子曰"舍生取义"；司马迁认为"人固有一死，或重于泰山，或轻于鸿毛"。对死亡的态度恰好是对生的态度的反证。惧怕死亡的人往往在生活中患得患失，忧虑重重；而不怕死亡的人才能乐观进取，力争在有限的生命中创造出无限的事业。

总之，有生必有死，死亡永远伴随着生，相依为命，寸步不离。人的生命同世间一切的生物一样，一旦死亡就不可能再次复生。如果因此而轻视或浪费生命，那也是不可原谅的错误。在死神召唤之前，我们还应充实地过好每一天。

　　莎士比亚的一段名言，足以令人回味："懦夫在未死以前，就已经死过好多次；勇士一生只死一次。在我所听到过的一切怪事之中，人们的贪生怕死是一件最奇怪的事情，因为死本来是一个人免不了的结局，它要来的时候谁也不能叫它不来。"

　　每个人都要顺其自然，正确对待死亡，把死亡看成是人生的必然"归宿"。即使面对死亡，也不要悲观，毋须惊骇，顺其自然，处之泰然。既然死亡不可避免，就应该在有限的岁月里，让生活充满阳光。